高等流体力学（一）

归柯庭　钟文琪　编

科学出版社

北　京

内 容 简 介

本书主要围绕黏性对流体流动影响的物理本质及数学描述展开讨论.全书共六章,主要介绍黏性流体运动的基本方程及层流运动的流动特性.

第1章介绍黏性流体流动的基本概念. 第2章讲述黏性流体力学的基本方程和黏性流体运动的基本性质. 第3章举例介绍圆管内、平行平板间和同轴旋转圆筒间这三种能够获得解析解的黏性流体的层流流动. 第4章给出在小 Re 数下,黏性流体绕流小圆球蠕流流动的斯托克斯解和奥森解,以及轴承润滑理论. 第5、6章为边界层理论的基础,主要介绍普朗特对边界层流动的论述、层流绕流平板的布拉修斯相似性解、绕楔形体流动的弗克纳-斯肯解,以及绕流边界层的卡门动量积分关系式解法. 湍流运动及数值模拟将在后续出版的《高等流体力学(二)》中介绍.

本书可作为高等学校能源、动力、环境、土木、机械等学科研究生的流体力学教材,也可作为以上各专业高年级本科生选修以及相关专业研发人员和工程技术人员参考使用.

图书在版编目(CIP)数据

高等流体力学. 一 / 归柯庭,钟文琪编. —北京:科学出版社,2018.1
ISBN 978-7-03-056320-0

Ⅰ. ①高… Ⅱ. ①归… ②钟… Ⅲ. ①流体力学−高等学校−教材
Ⅳ. ①O35

中国版本图书馆 CIP 数据核字(2018)第 008372 号

责任编辑:昌 盛 王 刚 / 责任校对:郭瑞芝
责任印制:吴兆东 / 封面设计:迷底书装

科 学 出 版 社 出版
北京东黄城根北街 16 号
邮政编码:100717
http://www.sciencep.com
北京厚诚则铭印刷科技有限公司 印刷
科学出版社发行 各地新华书店经销

*

2018 年 1 月第 一 版 开本:787×1092 1/16
2023 年 1 月第三次印刷 印张:9
字数:181 000
定价:36.00 元
(如有印装质量问题,我社负责调换)

前　言

本书是为能源、动力、环境、土木、机械等学科研究生编写的流体力学教材. 同学们在本科阶段都已从"工程流体力学"等课程学习了流体力学的基础知识, 了解到流体具有易流动性、黏性和可压缩性三大特性. 在一些黏性作用反映不出或影响较小的场合, 发展了不考虑黏性作用的理想流体力学理论, 如欧拉方程和伯努利方程等, 解决了除阻力特性之外的很多流体力学问题. 同样, 对流体压缩性影响较弱的地方, 发展了不可压缩流体力学理论, 解决了常压下液体的流动和气体的中低速流动问题. 由于考虑黏性作用将给流体力学问题的数学处理带来很大的困难, 所以"工程流体力学"等课程在必须考虑流动阻力而涉及黏性影响时, 往往将黏性的作用归结为对流动阻力系数的影响, 通过实验定律确定流动阻力. 这样虽然也能解决很多工程中的流体力学问题, 解释一些实验现象, 但对问题的分析缺乏严密的数学推导, 因而对其中物理本质的揭示不够深入. 所以, 笔者希望能为研究生提供一本建立在严密数学推导基础上的、考虑流体黏性作用的高等流体力学教材, 使大家通过学习, 对流体力学的问题不仅知其然, 而且知其所以然, 从而为后续的学习与研究打下牢固的基础, 这是我们编写本书的主要出发点.

由于能源、动力、环境、土木、机械等学科研究生的研究工作较少涉及超音速流体的流动, 故本书主要围绕黏性及其影响的物理本质及数学描述展开讨论. 本书共六章, 主要介绍黏性流体运动的基本方程及层流运动. 第 1 章介绍黏性流体运动的一些基本概念, 包括应力张量、变形率张量和广义牛顿内摩擦定律等. 第 2 章讲述黏性流体力学的基本方程 (包括连续性方程、运动方程、能量方程和状态方程) 和黏性流体运动的基本性质 (包括运动的有旋性、涡旋的扩散性和能量的耗散性). 第 3 章举例介绍圆管内、平行平板间和同轴旋转圆筒间这三种能够获得解析解的黏性流体的层流流动. 第 4 章给出在小 Re 数下, 黏性流体绕流小圆球蠕流流动的斯托克斯解和奥森解及其修正, 以及黏性流体在不平行平板间的流动和轴承润滑的理论. 第 5、6 章为边界层理论的基础, 主要介绍普朗特对边界层流动的论述、层流绕流平板的布拉修斯相似性解、绕楔形体流动的弗克纳-斯肯解, 以及绕流边界层的卡门动量积分关系式解法. 湍流运动及数值模拟将在后续出版的《高等流体力学 (二)》中介绍.

本书在编写上力求数学推导与物理概念阐述之间的和谐统一. 例如, 第 1 章讲述应力张量时专门引入张量知识简介, 让读者带着流体力学问题学习相关的数学知识, 使两者的学习融为一体. 在第 5 章专门列出一节, 运用复变函数的保角变换, 阐明绕楔形体流动的势流速度呈幂函数分布. 考虑到科学的发展与人的认知具有一定的契合性, 本书对若干知识点的介绍是循着这些理论的发展展开的. 例如, 对绕流边界层的动量积分关系式, 就是通过逐一介绍卡门、波尔豪森、霍斯汀、斯韦茨等在求解边界层动量积分关系式方面所做的工作，将对这一问题的认识逐步引向深入. 这样可以让读者一方面循着这些基本理论发展的脉络学习新的知识，另一方面也可以从前人研究流体力学的方法中得到借鉴，提高自己分析问题、解决问题的能力.

限于编者水平，书中不足之处在所难免，恳请读者批评指正.

编　者

2017 年 9 月

目　　录

前言

第1章　绪论 ···1

  1.1　概述 ···1

    1.1.1　理想流体与黏性流体 ····························1

    1.1.2　可压缩流体与不可压缩流体 ···············3

  1.2　应力张量 ···5

    1.2.1　理想流体中的应力 ······························5

    1.2.2　黏性流体中的应力 ······························5

    1.2.3　张量知识简介 ·····································6

    1.2.4　应力张量 ··11

  1.3　变形率张量 ···13

    1.3.1　速度分解定理 ···································13

    1.3.2　流体微团的运动分析 ·························14

    1.3.3　变形率张量 ····································17

  1.4　本构方程（广义牛顿内摩擦定律） ···············18

    1.4.1　牛顿内摩擦定律 ·······························18

    1.4.2　斯托克斯的三点假设 ·························19

    1.4.3　广义牛顿内摩擦定律 ·························19

第2章　黏性流体力学的基本方程 ·····························23

  2.1　连续性方程 ···23

    2.1.1　连续性方程的导出 ····························23

    2.1.2　随体导数 ··24

  2.2　运动方程 ···26

    2.2.1　用应力张量[τ]表示的运动方程 ···········26

    2.2.2　用变形率张量[ε]表示的运动方程 ·······27

  2.3　能量方程 ···28

    2.3.1　用总能表示的能量方程 ······················28

    2.3.2　用内能表示的能量方程 ······················30

    2.3.3　耗散函数 ··30

    2.3.4　用温度T表示的能量方程 ··················31

  2.4　状态方程 ···32

    2.4.1　完全气体状态方程 ····························32

　　　　2.4.2　其他热力状态参数间的关系 ·································· 33

　2.5　黏性流体运动方程组的封闭性和定解条件 ·························· 34

　　　　2.5.1　方程组的封闭性 ·· 34

　　　　2.5.2　定解条件 ·· 34

　2.6　黏性流体运动的基本性质 ·· 35

　　　　2.6.1　黏性流体运动的有旋性 ·································· 35

　　　　2.6.2　黏性流体中涡旋的扩散性 ································ 36

　　　　2.6.3　黏性流体运动能量的耗散性 ······························ 39

第 3 章　特殊条件下的黏性流体运动方程解 ···························· 40

　3.1　圆管内层流 ·· 40

　　　　3.1.1　圆管内层流流动的速度分布和流量表达式 ·················· 40

　　　　3.1.2　圆管内层流流动的沿程阻力公式 ························ 42

　　　　3.1.3　入口段与充分发展的管内流动 ·························· 42

　3.2　平板间的层流 ·· 43

　　　　3.2.1　平行平板间层流流动的微分方程和速度分布 ·············· 43

　　　　3.2.2　泊肃叶流动与库埃特剪切流 ···························· 45

　3.3　同轴旋转圆筒间黏性流体的定常流动 ······························ 49

第 4 章　黏性流体绕固体物面的缓慢流动 ······························ 52

　4.1　黏性流体绕小圆球的蠕流流动 ···································· 52

　　　　4.1.1　斯托克斯阻力系数 ······································ 52

　　　　4.1.2　奥森解及其修正 ·· 56

　4.2　颗粒在静止流体中的自由沉降 ···································· 59

　4.3　流体润滑 ·· 61

第 5 章　边界层层流流动及其相似性解 ································ 64

　5.1　边界层流动的基本概念与基本特征 ································ 64

　5.2　边界层的各种厚度 ·· 65

　　　　5.2.1　边界层的名义厚度 δ ································ 65

　　　　5.2.2　排挤厚度（位移厚度）δ^* ························ 66

　　　　5.2.3　动量损失厚度 θ ·································· 67

　　　　5.2.4　δ，δ^*，θ 的图解 ················ 67

　5.3　边界层微分方程 ·· 68

　5.4　绕曲面流动和边界层的分离 ······································ 71

　　　　5.4.1　绕曲面流动边界层的分离 ································ 71

　　　　5.4.2　边界层分离的原因和后果 ································ 74

　　　　5.4.3　卡门涡街 ·· 75

　5.5　层流边界层的相似性方程 ·· 76

　　　　5.5.1　边界层相似的概念 ······································ 76

　　　　5.5.2　相似性方程 ··79
　　　　5.5.3　存在相似性解的物面条件 ······························81
　　5.6　绕平板层流流动边界层方程的布拉修斯解 ··············88
　　　　5.6.1　布拉修斯解 ··88
　　　　5.6.2　布拉修斯解的应用 ···92
　　5.7　绕楔形体流动的弗克纳-斯肯解 ··························96
　　　　5.7.1　弗克纳-斯肯方程的解 ·······························96
　　　　5.7.2　弗克纳-斯肯解的应用 ·······························100

第6章　层流边界层积分关系式解法 ·····························104
　　6.1　卡门边界层动量积分关系式 ·······························104
　　6.2　单参数速度剖面和相容边界条件 ························106
　　　　6.2.1　单参数速度剖面 ···106
　　　　6.2.2　相容边界条件 ··106
　　6.3　绕曲面流动的边界层动量积分关系式解法 ············108
　　　　6.3.1　卡门-波尔豪森单参数方法 ·······················108
　　　　6.3.2　霍斯汀的改进 ··113
　　　　6.3.3　斯韦茨解法 ···116
　　6.4　绕平板流动的边界层动量积分关系式解法 ············119

参考文献 ···123

附录　常用正交坐标系中基本量和基本方程的表达式 ·········124

第1章 绪 论

1.1 概 述

1.1.1 理想流体与黏性流体

我们在"工程流体力学"等课程中已学过，流体有三大特性：易流动性、黏性和可压缩性. 其中，易流动性，即流体是一种受任何微小剪切力作用都能发生连续变形的物质，是流体区别于固体的最本质的属性. 黏性是流体的第二大属性，任何流体都具有黏性. 但是，黏性的存在给流体运动的数学描述和处理带来很大困难，因此在流体的黏性作用反映不出的场合，用不考虑黏性的理想流体代替黏性流体，从而可简化数学模型及其求解. 黏性作用由黏性切应力τ反映. 根据牛顿内摩擦定律

$$\tau = \mu \frac{\mathrm{d}u}{\mathrm{d}y} \tag{1-1}$$

式中，τ为黏性切应力；μ为流体的动力黏度；$\dfrac{\mathrm{d}u}{\mathrm{d}y}$为流体运动的速度梯度. 可见，黏性切应力由两个因素决定，一为流体的动力黏度，二为流体运动的速度梯度. 因此，当流体处于静止状态或以相同的速度流动（即速度梯度为零）时，流体的黏性作用反映不出，此时就可用理想流体代替黏性流体. 另外，对于一些动力黏度较小的流体，如水和空气，当其运动的速度梯度较小时，由于黏性的作用较弱，可将其视为理想流体处理，再对黏性的影响进行修正，使问题由繁变简. 在流体力学的发展史上，不考虑黏性的理想流体力学理论最先得到发展，其中最著名的就是不可压缩理想流体的欧拉（Euler）运动方程

$$\rho \frac{\mathrm{D}\boldsymbol{V}}{\mathrm{D}t} = \rho \boldsymbol{f} - \nabla p \tag{1-2}①$$

式中，ρ为流体密度；$\boldsymbol{V}$为流体的速度矢量；$\boldsymbol{f}$为流体所受的质量力；p为流体所受压强.

在重力场中，对定常流动的欧拉运动方程沿流线积分，就可得到著名的伯努利（Bernoulli）方程

$$\frac{V^2}{2} + gz + \frac{p}{\rho} = 常数 \tag{1-3}$$

式中，V为流体运动速度；g为重力加速度；z为高度. 伯努利方程的物理意义为：不可压缩理想流体在重力场中做定常流动时，沿流线单位质量流体的动能、位势能和压强势能之和等于常数. 伯努利方程的应用解决了许多流体流动的问题. 但是应该看到，理想流体力学理论是建立在不考虑流体黏性基础上的. 由于不考虑黏性，就出现了以下两个与事实不

---

① 详见 2.1.2 节随体导数定义.

符合的简化假定：①流体不承受流层与流层之间的切向力（即 $\tau = 0$），只承受法向力（压力）；②在固体壁面上存在滑动. 而这两个简化假定使理想流体力学理论在求解流动阻力时与实验结果不符.

考虑如图 1-1 所示的理想流体平行流绕流半径为 R 的圆柱体的二维流动. 按理想流体理论，在极坐标中，其径向和切向速度分量分别为

$$v_r = V_\infty \left(1 - \frac{R^2}{r^2}\right)\cos\theta$$

$$v_\theta = -V_\infty \left(1 + \frac{R^2}{r^2}\right)\sin\theta \tag{1-4}$$

式中，V_∞ 为来流速度. 在圆柱体表面上，$r = R, v_r = 0, v_\theta = -2V_\infty \sin\theta$，即径向速度为零，但切向速度除在前、后驻点（$\theta = \pi, \theta = 0$）处为零外，其余各点不为零，且按正弦规律分布，即壁面上存在切向滑移速度，这与黏性流体绕流圆柱体时在壁面上无滑移的实际流动情况不一致. 对于二维不可压缩理想流体，可按伯努利方程求圆柱体表面上的压强分布

$$p = p_\infty + \frac{1}{2}\rho V_\infty^2 (1 - 4\sin^2\theta) \tag{1-5}$$

式中，p_∞ 为来流压强. 上式所示压强分布也可用量纲为一的量（简称为量纲一量）——压强系数 C_p 表示

$$C_p = \frac{p - p_\infty}{\frac{1}{2}\rho V_\infty^2} = 1 - 4\sin^2\theta \tag{1-6}$$

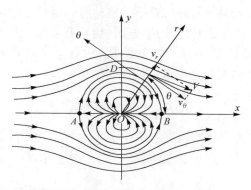

图 1-1 理想流体平行流绕流半径为 R 的圆柱体的二维流动

图 1-2 给出了按式（1-6）计算得到的理想流体的压强系数与实际测量值的比较. 由图 1-2 可见，理想流体的压强系数前后对称，表明理想流体平行流绕圆柱体流动时并未受到任何阻力，这与达朗贝尔对理想流体进行一系列严谨研究后得出的结论一致，即"一个任意固体在无穷大静止的理想流体中做匀速直线运动时，在其运动方向不承受作用力". 这就是历史上著名的达朗贝尔佯谬. 产生达朗贝尔佯谬的原因在于理想流体忽略了流体的黏性作用，使得按理想流体力学理论计算流动阻力时与实验结果不符. 由图 1-2 可知，在圆柱的前缘（$\theta = 0, \theta = 2\pi$）附近，理想流体的计算结果与实际符合较好，但在此外的其他各处，

两者差别较大. 对于理想流体, 圆柱前后的流动是完全对称的, 所以按理想流体力学理论求得的阻力为零. 但是, 实测的压强分布前后不对称, 圆柱后部的实测压强系数低于前部对应点处的值, 且随 Re 数不同而不同, 这样就使圆柱受向后作用的力, 即压差阻力. 理想流体力学理论计算不出这些阻力, 从而产生了与实验不一致的结果.

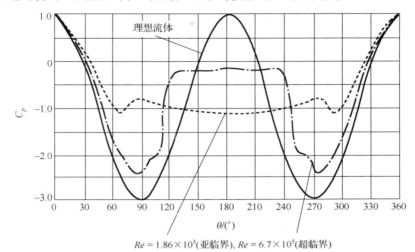

$Re = 1.86 \times 10^5$(亚临界), $Re = 6.7 \times 10^5$(超临界)

图 1-2　理想流体的压强系数与实际测量值的比较

因此, 如果要研究阻力, 就要研究壁面影响下的流体流动, 必须考虑黏性. 此时, 理想流体的两个简化假定必须抛弃, 必须承认流体既承受法向力 (压力), 也承受流层之间的切向力; 必须承认流体在固体壁面上无滑移, 即壁面处切向速度处处为零. 这样, 描写流体运动的不再是不可压缩理想流体的欧拉方程, 而是不可压缩黏性流体的纳维-斯托克斯 (Navier-Stokes) 方程.

$$\rho \frac{\mathrm{D}V}{\mathrm{D}t} = \rho f - \nabla p + \mu \Delta V \tag{1-7}$$

式中, μ 为流体的动力黏度; Δ 为拉普拉斯算符. 与式 (1-2) 欧拉方程相比, 增加了黏性项 $\mu \Delta V$.

1.1.2　可压缩流体与不可压缩流体

可压缩性是流体的第三大特性. 实际中的任何流体, 无论是液体还是气体, 都是可以压缩的, 不可压缩流体并不存在. 同样为了研究方便, 人们提出了不可压缩流体的概念. 当流体受压体积不减小, 受热体积不增加, 其密度保持为常数, 这种流体称为不可压缩流体. 液体的压缩性很小, 随着压强和温度的变化, 液体的密度仅有微小的变化. 在绝大多数情况下, 可以忽略压缩性的影响, 认为液体的密度是常数. 于是通常把液体看成不可压缩流体.

气体的压缩性很大. 由热力学知, 当温度不变时, 完全气体的体积与压强成反比, 压强增加一倍, 体积减小为原来的 1/2; 当压强不变时, 温度升高 1℃, 体积增加 0℃时体积的 1/273. 所以, 通常把气体看成可压缩流体, 即它的密度不能作为常数, 而是随着压强和温度的变化而变化.

　　在工程实际中，是否要考虑流体的压缩性，要视具体情况而定. 若流体密度的相对变化 $\dfrac{\Delta\rho}{\rho}$ 较大，需考虑流体的压缩性；若流体密度的相对变化 $\dfrac{\Delta\rho}{\rho}$ 较小，则可不考虑. 在流体流动时，这个密度相对变化值可用流速 v 来反映.

　　物质的压缩特性可用弹性模数反映，它定义为

$$E = \frac{\Delta p}{\Delta \rho}\rho \tag{1-8}$$

式中，Δp 为压强的变化量，$\Delta \rho$ 为密度的变化量.

　　考察同一水平面内的 A_1，A_2 两点，A_1 点的压强为 p_1，流速为 0，A_2 点的压强为 p_2，流速为 v，则根据伯努利方程，有

$$p_1 = p_2 + \frac{1}{2}\rho v^2$$

即

$$\Delta p = p_1 - p_2 = \frac{1}{2}\rho v^2$$

可见 Δp 与 $\dfrac{1}{2}\rho v^2$ 相当，代入式（1-8），可得

$$\frac{\Delta \rho}{\rho} = \frac{\frac{1}{2}\rho v^2}{E}$$

因为声速

$$C^2 = \frac{E}{\rho} \tag{1-9}$$

马赫数

$$M = \frac{v}{C} \tag{1-10}$$

所以

$$\frac{\Delta \rho}{\rho} = \frac{\rho}{E}\frac{v^2}{2} = \frac{1}{2}\left(\frac{v}{C}\right)^2 = \frac{1}{2}M^2$$

　　不可压缩流体 $\dfrac{\Delta\rho}{\rho} \ll 1$，也就是 $\dfrac{M^2}{2} \ll 1$. 若将 $\dfrac{\Delta\rho}{\rho} = 0.05$ 作为是否考虑压缩性的阈值，则可将 $\dfrac{1}{2}M^2 = 0.05$ 作为是否考虑压缩性的分界线. 对常温下的空气，$C=334\text{m/s}$，则由 $M^2 = 0.1$，求得 $v \approx 100\text{m/s}$. 所以，对空气，当流速小于 100m/s 时，可不考虑压缩性的影响；对液体，弹性模量大大增加，所对应的声速大大增加. 所以，可不考虑压缩性的流速范围也大大增加.

1.2 应 力 张 量

1.2.1 理想流体中的应力

在工程流体力学中已经阐明，作用在静止流体单位面积上的表面力（应力）永远沿着作用面的内法线方向，而且其大小与作用面所处的方向无关，只与截面的位置有关，即一点的静压力各方向相等.

对于运动的理想流体，由于忽略黏性，所以没有切向力，只有法向力（压力），因而单位面积上的表面力（压力）垂直于作用面，而且各个方向相等. 所以，对理想流体，无需特别关注应力（压力）的方向，即使考虑，也仅需考虑作用面方向即可.

1.2.2 黏性流体中的应力

对于黏性流体，由于存在黏性，除法向应力外，还有切向应力存在，因此单位面积上的表面力（应力）就不一定垂直于作用面，而且各个方向的大小也不一定相等.

1. 应力的表示

在运动流体中选取一微元曲面 dA，若微元曲面 dA 是闭曲面的一部分，则取外法线方向为 dA 的正方向；若 dA 所在的曲面不封闭，则可以规定某一法线方向为正. 在 dA 正方向的面上作用的表面应力用 τ_n 表示，它表示的是微元曲面 dA 正方向所指流体作用在 dA 上的应力. 同样，用 τ_{-n} 表示 dA 负方向面上作用的表面力，即 τ_{-n} 表示微元曲面 dA 负方向所指流体作用在 dA 上的应力，如图 1-3 所示. 可见

$$\tau_n = \tau_{-n} \tag{1-11}$$

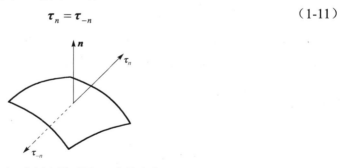

图 1-3 作用在微元面 dA 上的应力

2. 应力分量

若应力作用面垂直于某坐标轴，则应力可以分解成三个分量. 如图 1-4(b)所示，应力 τ_z 的作用面的法线方向沿 z 轴方向，则可将 τ_z 分解为三个分量：一个为垂直于作用面的法向应力 τ_{zz}，另外两个是与作用面平行的切向应力的分量 τ_{zx} 和 τ_{zy}. 可见，应力分量的第一个下标表示作用面的法线方向，第二个下标表示与应力分量平行的坐标轴，即应力投影方向. 同理，若作用面法线方向沿 x 轴，如图 1-4(c)所示，则作用在该面上的应力用 τ_x 表示，且

可分解成 τ_{xx}、τ_{xy}、τ_{xz}；若作用面法线方向沿 y 轴，如图 1-4(a)所示，则作用在该面上的应力用 τ_y 表示，且可分解成 τ_{yy}、τ_{yx}、τ_{yz}. 我们把 τ_{xx}、τ_{yy}、τ_{zz} 称为黏性流体的法向应力，简称为法向应力或正应力，把 τ_{xy}、τ_{xz}、τ_{yx}、τ_{yz}、τ_{zx}、τ_{zy} 称为黏性流体的切向应力，简称切应力.

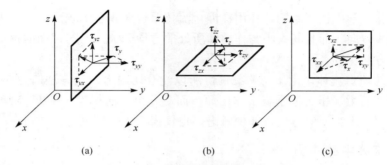

图 1-4　作用在各坐标轴面上的应力

设直角坐标系（x, y, z）三个坐标轴上的单位矢量为 e_1、e_2、e_3，则上述应力分解关系可表示成

$$\tau_x = \tau_{xx}e_1 + \tau_{xy}e_2 + \tau_{xz}e_3$$

$$\tau_y = \tau_{yx}e_1 + \tau_{yy}e_2 + \tau_{yz}e_3 \qquad (1\text{-}12)$$

$$\tau_z = \tau_{zx}e_1 + \tau_{zy}e_2 + \tau_{zz}e_3$$

式（1-12）中有 9 个分量，可以排成矩阵，如式（1-13）所示，称为二阶应力张量[τ].

$$[\tau] = \begin{bmatrix} \tau_{xx} & \tau_{xy} & \tau_{xz} \\ \tau_{yx} & \tau_{yy} & \tau_{yz} \\ \tau_{zx} & \tau_{zy} & \tau_{zz} \end{bmatrix} \qquad (1\text{-}13)$$

这样，我们就引入了一个新的量，称为张量. 它和我们以前学过的矢量、标量一样，也是为了表示一定的物理量而引入的. 例如，对时间 t、长度 l、面积 A 等量，仅需表示大小，无需表示方向，用标量表示. 对速度 v、加速度 a、力 f 等量，既要表示大小，又要表示方向，用矢量表示. 现在对应力，既要表示大小、方向，还要表示作用面的方向，矢量也不够用了，所以引入二阶张量[τ]. 所以，黏性流体中一点的应力既有大小、方向，又与作用面方向有关，用二阶应力张量表示.

为统一起见，将既表示大小、方向，又表示作用面方向的量称为二阶张量，将矢量（表示大小、方向的量）称为一阶张量，将标量（仅表示大小的量）称为零阶张量.

1.2.3　张量知识简介

1. 张量的基本特征

张量是一种用以表示物理量的数学工具，而物理量本身是不随坐标系的选取而变化的，因此，张量的基本特征是，当坐标轴旋转后，表示该物理量的总量不变，仅分量变化，称为张量不变性.

如图 1-5 所示，速度 v 为矢量，即一阶张量，当坐标轴由 (x_1, x_2, x_3) 经旋转至 (x_1^+, x_2^+, x_3^+) 后，速度 v 不变，仅分量变化，即

$$v = v(u_1, u_2, u_3) = v(u_1^+, u_2^+, u_3^+) \tag{1-14}$$

新、旧坐标系下各分量间的关系为

$$u_1^+ = L_{11^+} u_1 + L_{21^+} u_2 + L_{31^+} u_3 \tag{1-15}$$

式中，L_{11^+}、L_{21^+}、L_{31^+} 为新旧坐标系间的转换系数，它们与新旧坐标系间的夹角余弦有关

$$L_{11^+} = \cos(x_1, x_1^+)$$
$$L_{21^+} = \cos(x_2, x_1^+) \tag{1-16}$$
$$L_{3^+} = \cos(x_3, x_1^+)$$

所以，坐标轴旋转后，新坐标系下的分量为旧坐标系下各分量的投影量之和.

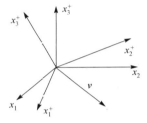

图 1-5 速度 v 在坐标轴旋转前后的表示

用图 1-6 所示的二维情况对此作一检验. 速度 v 为矢量，它在旧坐标系 (x_1, x_2) 中的分量是 (u_1, u_2)，在新坐标系 (x_1^+, x_2^+) 中的分量是 (u_1^+, u_2^+)，新旧坐标系中各分量间的关系为

$$u_1^+ = u_1 \cos(x_1, x_1^+) + u_2 \cos(x_2, x_1^+)$$
$$= u_1 \cos\varphi + u_2 \cos\left(\frac{\pi}{2} - \varphi\right)$$
$$= u_1 \cos\varphi + u_2 \sin\varphi \tag{1-17}$$

$$u_2^+ = u_1 \cos(x_1, x_2^+) + u_2 \cos(x_2, x_2^+)$$
$$= u_1 \cos\left(\frac{\pi}{2} + \varphi\right) + u_2 \cos\varphi$$
$$= u_1(-\sin\varphi) + u_2 \cos\varphi \tag{1-18}$$

可将新旧坐标系各个分量间的关系写成式（1-19）所示的求和形式

$$u_j^+ = \sum_{i=1}^{3} u_i l_{ij^+} \tag{1-19}$$

式中，下标 i 表示旧坐标系中的分量；$\sum$ 表示对旧坐标系中的分量求和；j^+ 表示新坐标

系中的分量. 为简化新旧坐标系各分量间关系的表述形式，凡在类似式（1-19）的求和项内出现两个重复求和下标时（仅能出现两个），可以省掉求和符号 $\sum\limits_{i=1}^{3}(i=1,2,3)$，则式（1-19）可写成

$$u_j^+ = u_i l_{ij^+} \qquad (1\text{-}20)$$

式（1-20）表示

$$\begin{cases} u_1^+ = u_1 l l_{11^+} + u_2 l_{21^+} + u_3 l_{31^+} \\ u_2^+ = u_1 l_{12^+} + u_2 l_{22^+} + u_3 l_{32^+} \\ u_3^+ = u_1 l_{13^+} + u_2 l_{23^+} + u_3 l_{33^+} \end{cases} \qquad (1\text{-}21)$$

将 v 推广到任意一阶张量 A，则有

$$A_j^+ = A_i l_{ij^+} \qquad (1\text{-}22)$$

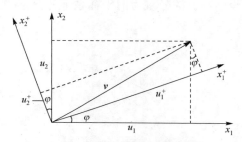

图 1-6　速度 v 各分量在新旧坐标系中的表示

应力 $[\tau]$ 为二阶张量，一般二阶张量用 $[c]$ 表示，张量不变性同样适用于二阶张量. 若旧坐标下

$$[c] = \begin{bmatrix} c_{11} & c_{12} & c_{13} \\ c_{21} & c_{22} & c_{23} \\ c_{31} & c_{32} & c_{33} \end{bmatrix} = [c_{ij}] \qquad (1\text{-}23)$$

坐标系在空间旋转一个角度后，用新坐标可表示成

$$[c] = \begin{bmatrix} c_{11}^+ & c_{12}^+ & c_{13}^+ \\ c_{21}^+ & c_{22}^+ & c_{23}^+ \\ c_{31}^+ & c_{32}^+ & c_{33}^+ \end{bmatrix} = [c_{mn}^+] \qquad (1\text{-}24)$$

张量 $[c]$ 在坐标系旋转前后总量未变，但各分量变化了，分量 c_{mn}^+ 和 c_{ij} 间有如下关系：

$$c_{mn}^+ = \sum_{j=1}^{3}\sum_{i=1}^{3} c_{ij} l_{im^+} l_{jn^+} \qquad (1\text{-}25)$$

按求和约定，式（1-25）可简写成

$$c_{mn}^+ = c_{ij} l_{im^+} l_{jn^+} \qquad (1\text{-}26)$$

式中，$l_{im'}$、$l_{jn'}$ 仍为旋转前后有关坐标轴夹角的余弦. 按重复下标求和约定，试写一个二阶张量分量在新坐标系下的完整表达式

$$c_{12}^+ = c_{11}l_{11'}l_{12'} + c_{12}l_{11'}l_{22'} + c_{13}l_{11'}l_{32'} + c_{21}l_{21'}l_{12'} + c_{22}l_{21'}l_{22'} \\ + c_{23}l_{21'}l_{32'} + c_{31}l_{31'}l_{12'} + c_{32}l_{31'}l_{22'} + c_{33}l_{31'}l_{32'}$$ （1-27）

式（1-26）既是新坐标系下二阶张量各个分量间的关系表达式，也可视为二阶张量的定义式. 未指明阶数的张量即二阶张量. 一般对 n 阶张量共有 3^n 个分量，所以二阶张量 $[c_{ij}]$ 有 9 个分量，三阶张量 $[c_{ijk}]$ 有 27 个分量.

2. 几个特殊张量

1）二阶单位张量 δ_{ij}（kronecker 符号）

定义二阶单位张量 δ_{ij} 为

$$[\delta_{ij}] = \begin{bmatrix} \delta_{11} & \delta_{12} & \delta_{13} \\ \delta_{21} & \delta_{22} & \delta_{23} \\ \delta_{31} & \delta_{32} & \delta_{33} \end{bmatrix} = \begin{bmatrix} 1 & 0 & 0 \\ 0 & 1 & 0 \\ 0 & 0 & 1 \end{bmatrix} = \boldsymbol{I}$$ （1-28）

或

$$\delta_{ij} = \begin{cases} 1, & i = j \\ 0, & i \neq j \end{cases}$$ （1-29）

二阶单位张量的几何意义如图 1-7 所示. 设直角坐标系（x_1, x_2, x_3）三个坐标轴上的单位矢量为 $\boldsymbol{e}_1$、$\boldsymbol{e}_2$、$\boldsymbol{e}_3$，则二阶单位张量的几何意义为，任意两个相异的单位矢量的点积的绝对值为零，两个相同单位矢量的点积的绝对值为 1，即

$$|\boldsymbol{e}_1 \cdot \boldsymbol{e}_2| = |\boldsymbol{e}_3 \cdot \boldsymbol{e}_1| = |\boldsymbol{e}_2 \cdot \boldsymbol{e}_3| = \cdots = 0$$ （1-30）

和

$$|\boldsymbol{e}_1 \cdot \boldsymbol{e}_1| = |\boldsymbol{e}_2 \cdot \boldsymbol{e}_2| = |\boldsymbol{e}_3 \cdot \boldsymbol{e}_3| = 1$$ （1-31）

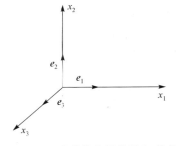

图 1-7　二阶单位张量的几何意义

上述表达式可简写成

$$\begin{cases} |\boldsymbol{e}_i \cdot \boldsymbol{e}_j| = 1, & i = j \\ |\boldsymbol{e}_i \cdot \boldsymbol{e}_j| = 0, & i \neq j \end{cases}$$ （1-32）

即

$$\left|e_i \cdot e_j\right| = \delta_{ij} \left(\delta_{ij} = \begin{cases} 1, i = j \\ 0, i \neq j \end{cases} \right) \tag{1-33}$$

$[\delta_{ij}]$ 的另一表述为 $[I]$，$[I]$ 或 $[\delta_{ij}]$ 是一个很有用的符号.

2）张量不变量

速度 $v(u_1, u_2, u_3)$ 沿 x_1, x_2, x_3 坐标轴的分量分别为 u_1, u_2, u_3，坐标轴旋转后，成为 $v(u_1^+, u_2^+, u_3^+)$，沿新坐标系三坐标轴 x_1^+、x_2^+、x_3^+ 的分量分别变成 u_1^+、u_2^+、u_3^+，但分量的平方和不变，即

$$u_1^2 + u_2^2 + u_3^2 = u_1^{+2} + u_2^{+2} + u_3^{+2}$$

可见，经坐标系旋转后，矢量的分量平方和不变，这种不随坐标系旋转而改变的特定的量就称为张量不变量. 对二阶张量 $[c_{ij}]$，其九个分量随直角坐标系的旋转而改变，但九个分量间有三种组合不随坐标系的旋转改变，同样也是张量不变量. 这三个不变量是

$$I_1 = c_{11} + c_{22} + c_{33} = c_{11}^+ + c_{22}^+ + c_{33}^+ \tag{1-34}$$

或

$$I_1 = c_{ii} = c_{mm}^+ = 常量$$

即对角线三分量之和为一张量不变量，这一张量不变量为一线性不变量.

$$I_2 = \begin{vmatrix} c_{11} & c_{12} \\ c_{21} & c_{22} \end{vmatrix} + \begin{vmatrix} c_{22} & c_{23} \\ c_{32} & c_{33} \end{vmatrix} + \begin{vmatrix} c_{11} & c_{13} \\ c_{31} & c_{33} \end{vmatrix} \tag{1-35}$$

即二阶张量的三个子行列式之和为一张量不变量.

$$I_3 = \begin{vmatrix} c_{11} & c_{12} & c_{13} \\ c_{21} & c_{22} & c_{23} \\ c_{31} & c_{32} & c_{33} \end{vmatrix} \tag{1-36}$$

即二阶张量的九个分量排成矩阵后，其行列式的值为一张量不变量.

3. 应用举例

作为一个运算工具，张量的应用可使许多物理量的表示变得方便.

例 1-1　静止流体中只存在法向压力，用公式表示为

$$\tau_{11} = \tau_{22} = \tau_{33} = -p_0$$

$$\tau_{12} = \tau_{21} = \tau_{13} = \tau_{31} = \tau_{23} = \tau_{32} = 0$$

现用二阶单位张量，可表示为

$$\tau_{ij} = -p_0 \delta_{ij} \tag{1-37}$$

变得简洁明了.

例 1-2　速度矢量 V 的散度

$$\nabla \cdot V = \frac{\partial u_1}{\partial x_1} + \frac{\partial u_2}{\partial x_2} + \frac{\partial u_3}{\partial x_3} = \sum_{i=1}^{3} \frac{\partial u_i}{\partial x_i}$$

根据重复下标求和约定，V 的散度可表示为

$$\nabla \cdot V = \frac{\partial u_k}{\partial x_k} \qquad (1\text{-}38)$$

例 1-3　理想流体的欧拉方程的分量形式

$$\frac{\partial u_1}{\partial t} + u_1 \frac{\partial u_1}{\partial x_1} + u_2 \frac{\partial u_1}{\partial x_2} + u_3 \frac{\partial u_1}{\partial x_3} = f_1 - \frac{1}{\rho} \frac{\partial p}{\partial x_1}$$

$$\frac{\partial u_2}{\partial t} + u_1 \frac{\partial u_2}{\partial x_1} + u_2 \frac{\partial u_2}{\partial x_2} + u_3 \frac{\partial u_2}{\partial x_3} = f_2 - \frac{1}{\rho} \frac{\partial p}{\partial x_2}$$

$$\frac{\partial u_3}{\partial t} + u_1 \frac{\partial u_3}{\partial x_1} + u_2 \frac{\partial u_3}{\partial x_2} + u_3 \frac{\partial u_3}{\partial x_3} = f_3 - \frac{1}{\rho} \frac{\partial p}{\partial x_3}$$

用张量形式表示

$$\frac{\partial u_i}{\partial t} + u_j \frac{\partial u_i}{\partial x_j} = f_i - \frac{1}{\rho} \frac{\partial p}{\partial x_i} \quad (i = 1, 2, 3) \qquad (1\text{-}39)$$

同样也变得简洁明了.

1.2.4　应力张量

1. 作用在法向为 n 的微元面上的应力

若流体中任一空间点作用面的法线方向为 n，则作用在该面上的应力可通过下列方法求得.

如图 1-8 所示，过 O 点作一微元四面体 $OMNP$，则 PNO，PMO，OMN 三个表面的法向分别沿 x_1, x_2, x_3 三个坐标轴，面积分别为 $\Delta s_1, \Delta s_2, \Delta s_3$，三个表面所受的应力分别为 $\tau_{11}, \tau_{12}, \tau_{13}$；$\tau_{21}, \tau_{22}, \tau_{23}$；$\tau_{31}, \tau_{32}, \tau_{33}$. 表面 MNP 的外法向为 n，面积为 Δs，所受的平均应力为 τ_n，τ_1, τ_2, τ_3 为其沿三个坐标轴的分量. 四面体的体积为 ΔV，f_1, f_2, f_3 为四面体所受体积力沿三个坐标轴的分量. 由于微元四面体 $OMNP$ 上所有外力的合力为零，则有

$$\begin{cases} -\tau_{11}\Delta s_1 - \tau_{21}\Delta s_2 - \tau_{31}\Delta s_3 + \tau_1 \Delta s + f_1 \Delta V = 0 \\ -\tau_{12}\Delta s_1 - \tau_{22}\Delta s_2 - \tau_{32}\Delta s_3 + \tau_2 \Delta s + f_2 \Delta V = 0 \\ -\tau_{13}\Delta s_1 - \tau_{23}\Delta s_2 - \tau_{33}\Delta s_3 + \tau_3 \Delta s + f_3 \Delta V = 0 \end{cases} \qquad (1\text{-}40)$$

因为 $\Delta s_1, \Delta s_2, \Delta s_3$ 分别为 Δs 沿三个坐标轴平面的投影，所以

$$\Delta s_i = \Delta s \cos(n, x_i) \quad (i = 1, 2, 3) \qquad (1\text{-}41)$$

而微元四面体体积 ΔV 与表面 MNP 面积 Δs 间的关系近似为

$$\Delta V = \frac{1}{3} h \Delta s \qquad (1\text{-}42)$$

式中，h 为 MNP 面到 O 点的距离，将式（1-42）代入式（1-40）消去 ΔV，并令 $h \to 0$，可得作用于法线方向为 $\boldsymbol{n}$ 的微元作用面上的应力表达式

$$\begin{cases} \tau_1 = \tau_{11}\cos(n, x_1) + \tau_{21}\cos(n, x_2) + \tau_{31}\cos(n, x_3) \\ \tau_2 = \tau_{12}\cos(n, x_1) + \tau_{22}\cos(n, x_2) + \tau_{32}\cos(n, x_3) \\ \tau_3 = \tau_{13}\cos(n, x_1) + \tau_{23}\cos(n, x_2) + \tau_{33}\cos(n, x_3) \end{cases} \qquad (1\text{-}43)$$

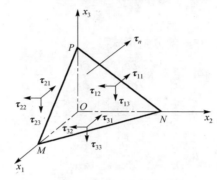

图 1-8　作用在法向为 $\boldsymbol{n}$ 的微元面上的应力

式（1-43）中的 τ_{ij} 当 $h \to 0$ 时，与所取微元四面体无关，为表征 O 点应力状态的特征参量. 所以，若围绕任一空间点的微元作用面的法线方向为 $\boldsymbol{n}$，则作用在该微元面上的应力 $\boldsymbol{\tau}_n$ 可以由 9 个应力分量 τ_{ij} 唯一确定，即

$$\boldsymbol{\tau}_n = \boldsymbol{n} \cdot [\boldsymbol{\tau}] \qquad (1\text{-}44)$$

应当指出，当流体运动时，式（1-44）也完全适用. 因为此时只要把惯性力当作体积力引入式（1-40），同样可得到运动条件下的应力表达式.

2. 切应力对称定理

上述 9 个分量中只有 6 个独立分量，而且 $\tau_{12} = \tau_{21}, \tau_{23} = \tau_{32}, \tau_{13} = \tau_{31}$，即切应力两个下标互换位置后仍然相等，这一特点称为切应力对称定理.

切应力对称定理可用力学基本定理予以证明.

在黏性流体中，围绕 M 点取 $\mathrm{d}x_3 = 1$ 的一个微元六面体，在 $x_1 O x_2$ 平面内的边长分别为 $\mathrm{d}x_1$ 和 $\mathrm{d}x_2$. 微元体各面上的应力如图 1-9 所示. 下面分析各种外力对 M 所产生的力矩. 法向应力的合力通过 M 点，不产生力矩. 对均质流体而言，质心在 M 点，质量力亦不产生力矩；对非均匀流体，质心与 M 点虽然不重合，但质量力与切向应力相比是高阶微量，可忽略不计. 因此，只有切向应力各分量对 M 点产生力矩.

按照基本力学定理：旋转合力矩等于转动惯量与角加速度的乘积，故有

$$\left(\tau_{12} + \frac{1}{2}\frac{\partial \tau_{12}}{\partial x_1}\mathrm{d}x_1\right) \cdot \frac{1}{2}\mathrm{d}x_1\mathrm{d}x_2 + \left(\tau_{12} - \frac{1}{2}\frac{\partial \tau_{12}}{\partial x_1}\mathrm{d}x_1\right) \cdot \frac{1}{2}\mathrm{d}x_1\mathrm{d}x_2$$
$$- \left(\tau_{21} + \frac{1}{2}\frac{\partial \tau_{21}}{\partial x_2}\mathrm{d}x_2\right) \cdot \frac{1}{2}\mathrm{d}x_1\mathrm{d}x_2 - \left(\tau_{21} - \frac{1}{2}\frac{\partial \tau_{21}}{\partial x_2}\mathrm{d}x_2\right) \cdot \frac{1}{2}\mathrm{d}x_1\mathrm{d}x_2$$
$$= J_{\mathrm{M}}\ddot{\theta} \qquad (1\text{-}45)$$

式中，J_M 为转动惯量，其值为 $\frac{1}{12}\rho dx_1 dx_2(dx_1^2 + dx_2^2)$；$\ddot{\theta}$ 为角加速度；ρ 为流体密度. 化简式（1-45），得

$$(\tau_{12} - \tau_{21}) = \frac{1}{12}\rho(dx_1^2 + dx_2^2)\ddot{\theta} \tag{1-46}$$

当 dx_1、dx_2 趋于零时，微元体缩小至 M 点，此时 J_M 亦趋于零. 若 $\tau_{12} \neq \tau_{21}$，则 $\ddot{\theta}$ 要趋于无穷大（$\ddot{\theta} \to \infty$），这与实际不符，所以只能是 $\tau_{12} = \tau_{21}$. 用相同的方法，可证明 $\tau_{13} = \tau_{31}$，$\tau_{23} = \tau_{32}$.

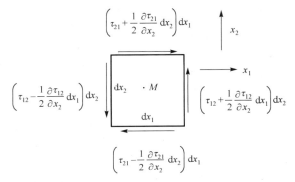

图 1-9　切应力分量对称的证明图示

3. 平均压力 p

由于平均压力 p 是流体的固有特性，与坐标系的选取无关，需用张量不变量表示.

由前面介绍可知，$\tau_{11} + \tau_{22} + \tau_{33}$ 是一张量不变量，与坐标系的选择无关，仅涉及法向应力，与切向应力无关，由此定义平均压力 p 为

$$p = -\frac{1}{3}(\tau_{11} + \tau_{22} + \tau_{33}) \tag{1-47}$$

即过空间一点三个互相正交面上的法向应力的平均值的负值为该点的平均压力. 式中负号表示压力作用指向作用面的内法线方向.

1.3　变形率张量

1.3.1　速度分解定理

由于流体的易流动性，流体极易变形. 因此，流体微团在运动过程中不仅具有移动和转动等刚体运动，还会发生变形运动，根据亥姆霍兹（Helmholtz）速度分解定理，可以区分出这两类运动.

如图 1-10 所示，在某一瞬时，流体微团内一流体质点位于 $M_0(x_0, y_0, z_0)$，该流体质点在 x 方向的速度分量是 u_0，假定在 M_0 点邻域内，位于 $M(x_0 + \delta x, y_0 + \delta y, z_0 + \delta z)$ 的流体质点在 x 方向上的速度分量是 u，该速度分量可在 M_0 点用泰勒级数展开，略去二阶以上小量，得

$$u = u_0 + \left(\frac{\partial u}{\partial x}\right)\delta x + \left(\frac{\partial u}{\partial y}\right)\delta y + \left(\frac{\partial u}{\partial z}\right)\delta z \tag{1-48}$$

将式（1-48）分别加减 $\frac{1}{2}\frac{\partial v}{\partial x}\delta y$ 和 $\frac{1}{2}\frac{\partial w}{\partial x}\delta z$，得到

$$u = u_0 + \left(\frac{\partial u}{\partial x}\right)\delta x + \frac{1}{2}\left(\frac{\partial u}{\partial y}+\frac{\partial v}{\partial x}\right)\delta y + \frac{1}{2}\left(\frac{\partial u}{\partial z}+\frac{\partial w}{\partial x}\right)\delta z$$

$$-\frac{1}{2}\left(\frac{\partial v}{\partial x}-\frac{\partial u}{\partial y}\right)\delta y + \frac{1}{2}\left(\frac{\partial u}{\partial z}-\frac{\partial w}{\partial x}\right)\delta z \tag{1-49}$$

式中，u_0 称为平移速度；$\frac{1}{2}\left(\frac{\partial v}{\partial x}-\frac{\partial u}{\partial y}\right)$ 和 $\frac{1}{2}\left(\frac{\partial u}{\partial z}-\frac{\partial w}{\partial x}\right)$ 为旋转角速度；$\frac{\partial u}{\partial x}$ 为线变形速率；

$\frac{1}{2}\left(\frac{\partial u}{\partial y}+\frac{\partial v}{\partial x}\right)$ 和 $\frac{1}{2}\left(\frac{\partial u}{\partial z}+\frac{\partial w}{\partial x}\right)$ 为角变形速率. 所以，M 点流体质点的 x 向分速度，可分解成与

M_0 点流体质点一起运动的平移速度 u_0，绕 M_0 点的旋转角速度 $\frac{1}{2}\left(\frac{\partial v}{\partial x}-\frac{\partial u}{\partial y}\right)$ 和 $\frac{1}{2}\left(\frac{\partial u}{\partial z}-\frac{\partial w}{\partial x}\right)$，

以及线变形速率 $\frac{\partial u}{\partial x}$ 和角变形速率 $\frac{1}{2}\left(\frac{\partial u}{\partial y}+\frac{\partial v}{\partial x}\right)$ 和 $\frac{1}{2}\left(\frac{\partial u}{\partial z}+\frac{\partial w}{\partial x}\right)$，这就是亥姆霍兹速度分解定

理. 至于平移速度、旋转角速度、线变形速率、角变形速率为什么这样定义，则可通过以下对流体微团的运动分析了解到.

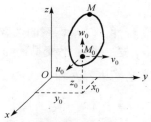

图 1-10　流体微团内的速度

1.3.2　流体微团的运动分析

为了理解式（1-49）中各项的物理意义，观察图 1-11 所示流体微团在 xy 平面中的运动. 该流体微团在初始时刻 t_0 为直角三角形 ABC，在 $t_0 + \delta t$ 时刻运动到 $A'B'C'$ 位置，并且形状发生了变化，成为三角形 $A'B'''C'''$.

1. 平移

平移表现为由 A 点到 A' 点的位移，即 x 向和 y 向分别移动了 $u\delta t$ 和 $v\delta t$，故平移的速度是 u 和 v，在三维空间运动则为 u，v 和 w，其速度矢量为 V.

2. 旋转

流体微团的旋转运动，表现为 $\angle B'A'C'$ 的角平分线 $A'F$ 绕 z 轴转动，成为 $\angle B'''A'C'''$ 的角平分线 $A'F'$. 由图 1-11 可知，在 δt 时间内，角平分线旋转了角度 $\delta\alpha$，其旋转角速度为

$$\omega_z = \frac{\delta \alpha}{\delta t} = \frac{1}{2} \frac{\delta \alpha_1 - \delta \alpha_2}{\delta t} \tag{1-50}$$

而

$$\delta \alpha_1 = \frac{\frac{\partial v}{\partial x} \delta x \delta t}{\delta x} = \frac{\partial v}{\partial x} \delta t \tag{1-51}$$

$$\delta \alpha_2 = \frac{\frac{\partial u}{\partial y} \delta y \delta t}{\delta y} = \frac{\partial u}{\partial y} \delta t \tag{1-52}$$

所以

$$\omega_z = \frac{1}{2} \frac{\delta \alpha_1 - \delta \alpha_2}{\delta t} = \frac{1}{2} \left(\frac{\partial v}{\partial x} - \frac{\partial u}{\partial y} \right) \tag{1-53}$$

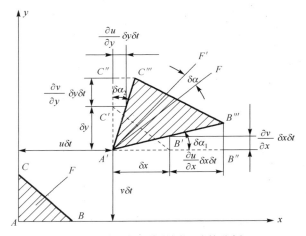

图 1-11　二维流体微团运动的分析

同理，绕 x 轴和 y 轴的旋转角速度为

$$\omega_x = \frac{1}{2} \left(\frac{\partial w}{\partial y} - \frac{\partial v}{\partial z} \right) \tag{1-54}$$

$$\omega_y = \frac{1}{2} \left(\frac{\partial u}{\partial z} - \frac{\partial w}{\partial x} \right) \tag{1-55}$$

旋转角速度矢量为

$$\boldsymbol{\omega} = \omega_x \boldsymbol{i} + \omega_y \boldsymbol{j} + \omega_z \boldsymbol{k} \tag{1-56}$$

与旋转角速度相似的另一个物理量是速度的旋度，或称为涡量 $\boldsymbol{\Omega}$ ，由矢量关系知

$$\boldsymbol{\Omega} = \nabla \times \boldsymbol{V} = 2\boldsymbol{\omega} \tag{1-57}$$

根据 $\boldsymbol{\omega}$ 是否为零可以判别流动是有旋还是无旋. 即 $\boldsymbol{\omega} = 0$ ，无旋； $\boldsymbol{\omega} \neq 0$,有旋.

3. 线变形

由图 1-11 可知，$A'B'$ 边经过 δt 时间变成了 $A'B''$，也就是 δx 的边长经过 δt 时间伸长了 $\dfrac{\partial u}{\partial x}\delta x\delta t$，所以单位时间、单位长度的伸长率就是 $\dfrac{\partial u}{\partial x}$，称为线变形速率，用 ε_{xx} 表示. 对三维空间运动，流体微团的三个线变形速率分别为

$$\varepsilon_{xx}=\frac{\partial u}{\partial x}, \quad \varepsilon_{yy}=\frac{\partial v}{\partial y}, \quad \varepsilon_{zz}=\frac{\partial w}{\partial z} \tag{1-58}$$

4. 角变形

流体的剪切变形率或角变形速率定义为单位时间内 $A'B'$ 边和 $A'C'$ 边中的任一边与角平分线间的角度变化. 由图 1-11 知，经过 δt 时间，$A'B'$ 边变成了 $A'B'''$ 边，转过了角度 $\delta\alpha_1$，角平分线由 $A'F$ 变成了 $A'F'$，转过了角度 $\delta\alpha$，所以角度变化为

$$\angle B'A'F-\angle B'''A'F'=(\angle B'A'F-\angle B'''A'F)-(\angle B'''A'F'-\angle B'''A'F)$$

$$=\delta\alpha_1-\delta\alpha=\delta\alpha_1-\frac{1}{2}(\delta\alpha_1-\delta\alpha_2)$$

$$=\frac{1}{2}(\delta\alpha_1+\delta\alpha_2) \tag{1-59a}$$

单位时间的角变形，即角变形速率为

$$\varepsilon_{xy}=\frac{1}{2}\left(\frac{\delta\alpha_1}{\delta t}+\frac{\delta\alpha_2}{\delta t}\right)=\frac{1}{2}\left(\frac{\partial v}{\partial x}+\frac{\partial u}{\partial y}\right) \tag{1-59b}$$

同理，$A'C'$ 边的角度变化为

$$\angle C'A'F-\angle C'''A'F'=(\angle C'A'F-\angle C'''A'F)+(\angle C'''A'F-\angle C'''A'F')$$

$$=\delta\alpha_2+\delta\alpha=\delta\alpha_2+\frac{1}{2}(\delta\alpha_1-\delta\alpha_2)$$

$$=\frac{1}{2}(\delta\alpha_2+\delta\alpha_1) \tag{1-60a}$$

角变形速率为

$$\varepsilon_{yx}=\frac{1}{2}\left(\frac{\delta\alpha_2}{\delta t}+\frac{\delta\alpha_1}{\delta t}\right)=\frac{1}{2}\left(\frac{\partial u}{\partial y}+\frac{\partial v}{\partial x}\right)=\varepsilon_{xy} \tag{1-60b}$$

对三维空间运动，其他两个角变形速率为

$$\varepsilon_{yz}=\varepsilon_{zy}=\frac{1}{2}\left(\frac{\partial w}{\partial y}+\frac{\partial v}{\partial z}\right) \tag{1-61}$$

$$\varepsilon_{zx}=\varepsilon_{xz}=\frac{1}{2}\left(\frac{\partial u}{\partial z}+\frac{\partial w}{\partial x}\right) \tag{1-62}$$

可见，流体剪切变形率分量具有对称性，即

$$\varepsilon_{xy}=\varepsilon_{yx}, \quad \varepsilon_{yz}=\varepsilon_{zy}, \quad \varepsilon_{xz}=\varepsilon_{zx} \tag{1-63}$$

由此，可对式（1-49）中平移速度、线变形速率、角变形速率、旋转角速度的定义有较深刻的理解，因此，式（1-49）还可写成

$$u = u_0 + \varepsilon_{xx}\delta x + (\varepsilon_{xy}\delta y + \varepsilon_{zx}\delta z) + (\omega_y\delta z - \omega_z\delta y) \tag{1-64}$$

同理，M 点 y 向、z 向的分速度也可在 M_0 点展开，并写成

$$v = v_0 + \varepsilon_{yy}\delta y + (\varepsilon_{yz}\delta z + \varepsilon_{xy}\delta x) + (\omega_z\delta x - \omega_x\delta z) \tag{1-65}$$

$$w = w_0 + \varepsilon_{zz}\delta z + (\varepsilon_{xz}\delta x + \varepsilon_{yz}\delta y) + (\omega_x\delta y - \omega_y\delta x) \tag{1-66}$$

在式（1-64）～式（1-66）中，等号右边第一项是平移速度分量，第二、三、四项分别是由线变形运动、角变形运动和旋转运动所引起的速度分量. 由此可见，在一般情况下流体微团的运动可分解成三部分：①随流体微团中某一点一起前进的平移运动；②绕着这一点的旋转运动；③变形运动（包括线变形和角变形）.

1.3.3 变形率张量

根据以上分析，流体微团的变形率有 9 个分量. 这 9 个分量中有 6 个是独立的，它们构成一个对称的二阶张量，称为变形率张量 $[\boldsymbol{\varepsilon}]$

$$[\boldsymbol{\varepsilon}] = \begin{bmatrix} \varepsilon_{xx} & \varepsilon_{xy} & \varepsilon_{xz} \\ \varepsilon_{yx} & \varepsilon_{yy} & \varepsilon_{yz} \\ \varepsilon_{zx} & \varepsilon_{zy} & \varepsilon_{zz} \end{bmatrix} \tag{1-67}$$

坐标系发生旋转后，每个分量都将发生变化. 同样，存在三个不随坐标系旋转而变化的不变量

$$I_1 = \varepsilon_{xx} + \varepsilon_{yy} + \varepsilon_{zz} \tag{1-68}$$

$$I_2 = \begin{vmatrix} \varepsilon_{xx} & \varepsilon_{xy} \\ \varepsilon_{xy} & \varepsilon_{yy} \end{vmatrix} + \begin{vmatrix} \varepsilon_{yy} & \varepsilon_{yz} \\ \varepsilon_{yz} & \varepsilon_{zz} \end{vmatrix} + \begin{vmatrix} \varepsilon_{xx} & \varepsilon_{xz} \\ \varepsilon_{zx} & \varepsilon_{zz} \end{vmatrix} \tag{1-69}$$

$$I_3 = \begin{vmatrix} \varepsilon_{xx} & \varepsilon_{xy} & \varepsilon_{xz} \\ \varepsilon_{yx} & \varepsilon_{yy} & \varepsilon_{yz} \\ \varepsilon_{zx} & \varepsilon_{zy} & \varepsilon_{zz} \end{vmatrix} \tag{1-70}$$

根据对称张量的性质，适当旋转坐标系，可使非主对角线上的分量均为零，这个位置称为三个坐标轴的主轴. 在这种特定情形下，ε_{xx}、ε_{yy}、ε_{zz} 改用 ε_1、ε_2、ε_3 表示. ε_1、ε_2、ε_3 称为变形率主值或主伸长速度. 此时，变形率张量成为

$$[\boldsymbol{\varepsilon}] = \begin{bmatrix} \varepsilon_1 & 0 & 0 \\ 0 & \varepsilon_2 & 0 \\ 0 & 0 & \varepsilon_3 \end{bmatrix} \tag{1-71}$$

三个不变量为

$$I_1 = \varepsilon_1 + \varepsilon_2 + \varepsilon_3 \tag{1-72}$$

$$I_2 = \varepsilon_1\varepsilon_2 + \varepsilon_2\varepsilon_3 + \varepsilon_3\varepsilon_1 \tag{1-73}$$

$$I_3 = \varepsilon_1\varepsilon_2\varepsilon_3 \tag{1-74}$$

由 I_1、I_2、I_3 可解得变形率的主值.

1.4　本构方程（广义牛顿内摩擦定律）

1.4.1　牛顿内摩擦定律

如图 1-12 所示，当黏性流体做直线层状运动时，相邻两流层内由于速度不同而发生相对运动，层间产生切向应力. 这个切向应力与速度梯度成正比，这就是本章开始时介绍的牛顿内摩擦定律，即

$$\tau = \mu\frac{\mathrm{d}u}{\mathrm{d}y} \tag{1-1}$$

式中，μ 为动力黏度，是流体黏性大小的表征，取决于流体的特性，且受温度的影响.

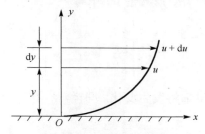

图 1-12　沿 x 向黏性流体的平面直线运动及其速度分布

由于图 1-12 所示流体作用面的法线方向为 y 方向，而切应力的方向为 x 方向，故可知式（1-1）左边的切应力 τ 对应于流体做平面直线运动特殊情况下应力张量的一个切向分量 τ_{yx}，而式（1-1）右边的速度梯度对应于变形率张量的一个分量 ε_{yx}

$$\varepsilon_{yx} = \frac{1}{2}\left(\frac{\partial u}{\partial y} + \frac{\partial v}{\partial x}\right)$$

因为在此情况下，$v = 0$，$\dfrac{\partial v}{\partial x} = 0$，所以

$$\varepsilon_{yx} = \frac{1}{2}\frac{\partial u}{\partial y} \tag{1-75}$$

综合上述分析，可知式（1-1）可改写成

$$\tau_{yx} = 2\mu\varepsilon_{yx} \tag{1-76}$$

由式（1-76）可知，应力张量与变形率有关，但牛顿内摩擦定律仅是黏性流体做平面直线运动下的一个特例. 一般情形下二者关系如何？斯托克斯作了推广.

1.4.2　斯托克斯的三点假设

斯托克斯在将牛顿内摩擦定律推广到一般流动情况时，提出了以下三点假设：

（1）流体是连续的，它的应力张量是变形率张量的线性函数.

（2）流体是各向同性的，应力与变形率的关系与坐标系位置的选取无关.

（3）当流体静止，即变形率为零时，流体中的应力就是流体静压力.

1.4.3　广义牛顿内摩擦定律

1.　静止流体中应力的表示

根据第三条假设，静止流体中的应力仅有流体静压力 p，无切向应力，可记为

$$\tau_{ij} = -p_0\delta_{ij}$$

或

$$[\boldsymbol{\tau}] = -p[\boldsymbol{I}]$$

2.　应力表达式的推导

根据第一条假设，流体是连续的，它的应力张量是变形率张量的线性函数，结合牛顿内摩擦定律，可以将应力张量与变形率张量的线性关系写成

$$[\boldsymbol{\tau}] = a[\boldsymbol{\varepsilon}] + b[\boldsymbol{I}] \tag{1-77}$$

式中，a 和 b 都是系数；$[\boldsymbol{\varepsilon}]$ 为变形率张量；$[\boldsymbol{I}]$ 为二阶单位张量. 引入二阶单位张量，是考虑静止时的情况，此时 $[\boldsymbol{\varepsilon}] = 0$，但 $[\boldsymbol{\tau}]$ 仍存在.

由于 $[\boldsymbol{\tau}]$ 和 $[\boldsymbol{\varepsilon}]$ 之间的关系是线性的，两者之间的比例系数 a 与运动形态无关，只取决于流体的物性，仿照牛顿内摩擦定律

$$\tau_{yx} = 2\mu\varepsilon_{yx}$$

令

$$a = 2\mu \tag{1-78}$$

对于系数 b，由于式（1-77）中右边第二项是 b 与单位张量的乘积，要保持 $[\boldsymbol{\tau}]$ 与 $[\boldsymbol{\varepsilon}]$ 之间的线性关系，b 最多只能由张量 $[\boldsymbol{\tau}]$ 与 $[\boldsymbol{\varepsilon}]$ 的分量线性组成；另一方面，流体是各向同性的，坐标系的转动不应影响应力与变形率之间的关系，所以 b 只能由 $[\boldsymbol{\tau}]$ 和 $[\boldsymbol{\varepsilon}]$ 的分量中的线性不变量来构成.

二阶张量有三个张量不变量，但线性不变量只有一个，即主对角线上的分量之和为它的线性不变量.

用下标 1、2、3 代替下标 x、y、z，此时应力张量和变形率张量的线性不变量分别为

$$\tau_{11} + \tau_{22} + \tau_{33} = \tau_{ii} \quad (i = 1, 2, 3)$$

$$\varepsilon_{11} + \varepsilon_{22} + \varepsilon_{33} = \varepsilon_{ii} \quad (i = 1, 2, 3)$$

所以，系数 b 可假设为

$$
\begin{aligned}
b &= b_1 \tau_{ii} + b_2 \varepsilon_{ii} + b_3 \\
&= b_1(\tau_{11} + \tau_{22} + \tau_{33}) + b_2(\varepsilon_{11} + \varepsilon_{22} + \varepsilon_{33}) + b_3 \\
&= b_1(\tau_{11} + \tau_{22} + \tau_{33}) + b_2 \nabla \cdot \boldsymbol{v} + b_3
\end{aligned}
\tag{1-79}
$$

式中，b_1、b_2、b_3 为待定常数，将式（1-78）、式（1-79）代入式（1-77），可求得

$$
[\boldsymbol{\tau}] = 2\mu[\boldsymbol{\varepsilon}] + [b_1(\tau_{11} + \tau_{22} + \tau_{33}) + b_2 \nabla \cdot \boldsymbol{v} + b_3][\boldsymbol{I}]
$$

将上式展开后，可写成

$$
\begin{bmatrix}
\tau_{11} & \tau_{12} & \tau_{13} \\
\tau_{21} & \tau_{22} & \tau_{23} \\
\tau_{31} & \tau_{32} & \tau_{33}
\end{bmatrix}
= 2\mu
\begin{bmatrix}
\varepsilon_{11} & \varepsilon_{12} & \varepsilon_{13} \\
\varepsilon_{21} & \varepsilon_{22} & \varepsilon_{23} \\
\varepsilon_{31} & \varepsilon_{32} & \varepsilon_{33}
\end{bmatrix}
+ [b_1(\tau_{11} + \tau_{22} + \tau_{33}) + b_2 \nabla \cdot \boldsymbol{v} + b_3]
\begin{bmatrix}
1 & 0 & 0 \\
0 & 1 & 0 \\
0 & 0 & 1
\end{bmatrix}
$$

等号两边取对角线三个分量之和，得

$$
\tau_{11} + \tau_{22} + \tau_{33} = 2\mu(\varepsilon_{11} + \varepsilon_{22} + \varepsilon_{33}) + 3b_1(\tau_{11} + \tau_{22} + \tau_{33}) + 3b_2 \nabla \cdot \boldsymbol{v} + 3b_3
$$

即

$$
(1 - 3b_1)(\tau_{11} + \tau_{22} + \tau_{33}) = (2\mu + 3b_2)\nabla \cdot \boldsymbol{v} + 3b_3
\tag{1-80}
$$

静止状态下

$$
\nabla \cdot \boldsymbol{v} = 0
$$

$$
\tau_{11} = \tau_{22} = \tau_{33} = -p_0
$$

求得

$$
-3p_0(1 - 3b_1) = 3b_3
\tag{1-81}
$$

式（1-81）要求在 p_0 为任意值时均成立，只能

$$
b_3 = 0, \quad b_1 = \frac{1}{3}
\tag{1-82}
$$

将式（1-82）代入式（1-80），得

$$
2\mu + 3b_2 = 0
$$

所以

$$
b_2 = -\frac{2}{3}\mu
$$

这样，就求得了应力张量与变形率张量之间的一般关系式

$$
[\boldsymbol{\tau}] = 2\mu[\boldsymbol{\varepsilon}] + \left(\frac{1}{3}\tau_{ii} - \frac{2}{3}\mu \nabla \cdot \boldsymbol{v}\right)[\boldsymbol{I}]
$$

前面曾定义，平均压力

$$
p = -\frac{1}{3}(\tau_{11} + \tau_{22} + \tau_{33}) = -\frac{1}{3}\tau_{ii}
$$

所以应力张量与变形率张量之间的一般关系式又可写为

$$
[\boldsymbol{\tau}] = 2\mu[\boldsymbol{\varepsilon}] - \left(p + \frac{2}{3}\mu \nabla \cdot \boldsymbol{v}\right)[\boldsymbol{I}]
\tag{1-83}
$$

式（1-83）即为本构方程，又称广义牛顿内摩擦定律.

凡遵守广义牛顿内摩擦定律的流体称为牛顿流体或斯托克斯流体；反之称为非牛顿流体. 大多数常见的流体，如水和空气，都是牛顿流体.

3. 一点修正

在前面推导时，定义 $p = -\dfrac{1}{3}(\tau_{11} + \tau_{22} + \tau_{33})$. 严格地讲，特别是在高温高压时，在流体运动状态下，$\dfrac{1}{3}\tau_{ii}$ 与相应的流体热力学压强 p 在数值上不完全相等. 它们之间相差一个和体积膨胀率 $\nabla \cdot \boldsymbol{v}$ 成正比的量，即

$$\frac{1}{3}\tau_{ii} = -p + \mu' \nabla \cdot \boldsymbol{v}$$

所以

$$[\boldsymbol{\tau}] = 2\mu[\boldsymbol{\varepsilon}] - \left(p + \frac{2}{3}\mu\nabla \cdot \boldsymbol{v} - \mu'\nabla \cdot \boldsymbol{v}\right)[\boldsymbol{I}]$$

式中，μ' 称为第二黏性系数或体积黏性系数.

令

$$\mu' - \frac{2}{3}\mu = \lambda$$

式（1-83）成为

$$[\boldsymbol{\tau}] = 2\mu[\boldsymbol{\varepsilon}] - (p - \lambda\nabla \cdot \boldsymbol{v})[\boldsymbol{I}] \tag{1-84}$$

在常温常压下，μ' 的影响基本体现不出，此时仍可沿用公式（1-83）. 由式（1-83）可得到应力张量与变形率张量各分量间的关系

$$\begin{cases} \tau_{ij} = -p + 2\mu\dfrac{\partial u_i}{\partial x_j} - \dfrac{2}{3}\mu\nabla \cdot \boldsymbol{v} & (i = j) \\[3mm] \tau_{ij} = \mu\left(\dfrac{\partial u_i}{\partial x_j} + \dfrac{\partial u_j}{\partial x_i}\right) & (i \neq j) \end{cases} \tag{1-85}$$

在直角坐标中，可表示成

$$\tau_{xx} = -p + 2\mu\frac{\partial u}{\partial x} - \frac{2}{3}\mu\left(\frac{\partial u}{\partial x} + \frac{\partial v}{\partial y} + \frac{\partial w}{\partial z}\right)$$

$$\tau_{yy} = -p + 2\mu\frac{\partial v}{\partial y} - \frac{2}{3}\mu\left(\frac{\partial u}{\partial x} + \frac{\partial v}{\partial y} + \frac{\partial w}{\partial z}\right)$$

$$\tau_{zz} = -p + 2\mu\frac{\partial w}{\partial z} - \frac{2}{3}\mu\left(\frac{\partial u}{\partial x} + \frac{\partial v}{\partial y} + \frac{\partial w}{\partial z}\right) \tag{1-86}$$

$$\tau_{xy} = \mu\left(\frac{\partial u}{\partial y} + \frac{\partial v}{\partial x}\right) = \tau_{yx}$$

$$\tau_{yz} = \mu\left(\frac{\partial v}{\partial z} + \frac{\partial w}{\partial y}\right) = \tau_{zy}$$

$$\tau_{xz} = \mu\left(\frac{\partial u}{\partial z} + \frac{\partial w}{\partial x}\right) = \tau_{zx}$$

对不可压缩流体　$\nabla \cdot \boldsymbol{v} = 0$，有

$$\begin{cases} \tau_{ij} = -p + 2\mu\dfrac{\partial u_i}{\partial x_j} & (i = j) \\[3mm] \tau_{ij} = \mu\left(\dfrac{\partial u_i}{\partial x_j} + \dfrac{\partial u_j}{\partial x_i}\right) & (i \neq j) \end{cases} \tag{1-87}$$

在直角坐标中，可表示成

$$\begin{cases} \tau_{xx} = -p + 2\mu\dfrac{\partial u}{\partial x} \\[3mm] \tau_{yy} = -p + 2\mu\dfrac{\partial v}{\partial y} \\[3mm] \tau_{zz} = -p + 2\mu\dfrac{\partial w}{\partial z} \\[3mm] \tau_{xy} = \mu\left(\dfrac{\partial u}{\partial y} + \dfrac{\partial v}{\partial x}\right) = \tau_{yx} \\[3mm] \tau_{yz} = \mu\left(\dfrac{\partial v}{\partial z} + \dfrac{\partial w}{\partial y}\right) = \tau_{zy} \\[3mm] \tau_{xz} = \mu\left(\dfrac{\partial u}{\partial z} + \dfrac{\partial w}{\partial x}\right) = \tau_{zx} \end{cases} \tag{1-88}$$

第2章　黏性流体力学的基本方程

"工程流体力学"中已推导过连续性方程和不可压缩流体的运动方程、能量方程，但是那时是从微元六面体的质量、动量、能量守恒推导得到的. 下面借助一些数学工具，从一般控制体推导黏性流体的这三个方程.

2.1　连续性方程

2.1.1　连续性方程的导出

将质量守恒定律应用于运动流体，可推导流体的连续性方程. 由于不涉及力的作用，理想流体和黏性流体的连续性方程完全相同.

在流体为连续介质的流场中任取一封闭曲面 A，它所围成的控制体体积为 V_v，如图 2-1 所示. 根据质量守恒定律，单位时间内通过控制面 A 流出和流入的流体质量的总和（流出为正）等于同一时间控制体内流体质量的减少. 用数学公式表示

$$\int_A \rho V_n \mathrm{d}A = -\int_{V_v} \frac{\partial \rho}{\partial t} \mathrm{d}V_v \tag{2-1}$$

式中，ρ 为流体密度；V_n 为速度矢量在封闭曲面外法线方向的投影；下标 A 表示对控制面 A 进行面积分；下标 V_v 表示对控制体进行体积分.

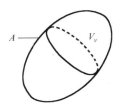

图 2-1　推导连续性方程用的控制体示意图

根据高斯定理

$$\int_A \rho V_n \mathrm{d}A = \int_{V_v} \nabla \cdot (\rho \boldsymbol{V}) \mathrm{d}V_v \tag{2-2}$$

可将式（2-1）改写为

$$\int_{V_v} \left[\frac{\partial \rho}{\partial t} + \nabla \cdot (\rho \boldsymbol{V}) \right] \mathrm{d}V_v = 0 \tag{2-3}$$

因为流场满足连续介质条件，控制体的选取有任意性. 当控制体选为微元体时，有

$$\frac{\partial \rho}{\partial t} + \nabla \cdot (\rho \boldsymbol{V}) = 0 \tag{2-4}$$

式（2-4）即为微分形式的连续性方程，或称为连续性方程的矢量表达式.

在直角坐标系中，式（2-4）可表示为

$$\frac{\partial \rho}{\partial t} + \frac{\partial (\rho u)}{\partial x} + \frac{\partial (\rho v)}{\partial y} + \frac{\partial (\rho w)}{\partial z} = 0 \qquad (2-5)$$

写成张量形式

$$\frac{\partial \rho}{\partial t} + \frac{\partial}{\partial x_i}(\rho u_i) = 0 \qquad (2-6)$$

式（2-6）中 i 为重复下标，已应用求和约定.

对定常流动，$\dfrac{\partial \rho}{\partial t} = 0$，由式（2-6）可得

$$\frac{\partial}{\partial x_i}(\rho u_i) = 0 \qquad (2-7)$$

对不可压缩流体 $\rho =$ 常数，式（2-7）成为

$$\frac{\partial u_i}{\partial x_i} = 0 \qquad (2-8)$$

即矢量式

$$\nabla \cdot \boldsymbol{V} = 0 \qquad (2-9)$$

2.1.2　随体导数

将式（2-5）展开，可得

$$\frac{\partial \rho}{\partial t} + u\frac{\partial \rho}{\partial x} + v\frac{\partial \rho}{\partial y} + w\frac{\partial \rho}{\partial z} + \rho\left(\frac{\partial u}{\partial x} + \frac{\partial v}{\partial y} + \frac{\partial w}{\partial z}\right) = 0 \qquad (2-10)$$

即

$$\frac{\partial \rho}{\partial t} + \frac{\partial \rho}{\partial x}\frac{\partial x}{\partial t} + \frac{\partial \rho}{\partial y}\frac{\partial y}{\partial t} + \frac{\partial \rho}{\partial z}\frac{\partial z}{\partial t} + \rho\left(\frac{\partial u}{\partial x} + \frac{\partial v}{\partial y} + \frac{\partial w}{\partial z}\right) = 0 \qquad (2-11)$$

在流体力学研究的欧拉法中，密度 ρ 可表达成 $\rho(x,y,z,t)$，即密度 ρ 是空间和时间的函数. 由于密度实质上是流体质点所具有的一个物理量，而流体质点所处的空间坐标是随时间变化的，所以流体质点的密度 ρ 对时间 t 的变化等于在同一位置（当地）流体质点的密度对时间的变化和由于流体质点迁移引起的密度变化之和.

同一位置流体质点的密度对时间的变化由式（2-11）中的第一项 $\dfrac{\partial \rho}{\partial t}$ 表示，称为流体密度的当地导数. 由流体质点迁移引起的密度变化由式（2-11）中的第二、三、四项表示，称为流体密度的迁移导数. 二者之和，反映了密度随时间的总变化，称为随体导数，用符号 $\dfrac{\mathrm{D}}{\mathrm{D}t}$ 表示. 即

$$\frac{\mathrm{D}\rho}{\mathrm{D}t} = \frac{\partial \rho}{\partial t} + u \frac{\partial \rho}{\partial x} + v \frac{\partial \rho}{\partial y} + w \frac{\partial \rho}{\partial z} \tag{2-12}$$

用张量表示

$$\frac{\mathrm{D}\rho}{\mathrm{D}t} = \frac{\partial \rho}{\partial t} + u_i \frac{\partial \rho}{\partial x_i} \tag{2-13}$$

采用随体导数形式，式（2-10）为

$$\frac{\mathrm{D}\rho}{\mathrm{D}t} + \rho \left(\frac{\partial u}{\partial x} + \frac{\partial v}{\partial y} + \frac{\partial w}{\partial z} \right) = 0 \tag{2-14}$$

用张量形式表示为

$$\frac{\mathrm{D}\rho}{\mathrm{D}t} + \rho \left(\frac{\partial u_i}{\partial x_i} \right) = 0 \tag{2-15}$$

随体导数也可用于流体质点所具有的其他物理量，如动量 $\rho \boldsymbol{V}$ 等.

$$\frac{\mathrm{D}(\rho \boldsymbol{V})}{\mathrm{D}t} = \frac{\partial (\rho \boldsymbol{V})}{\partial t} + u_i \frac{\partial (\rho \boldsymbol{V})}{\partial x_i} \tag{2-16}$$

随体导数的概念对于有限体积的流体也是适用的，此时需要用到函数积分的随体导数. 设 $\phi(x,y,z,t)$ 为体积 V_v 内任一标量分布函数，则对体积 V_v 内的 ϕ 积分 $\int_{V_v} \phi(x,y,z,t)\mathrm{d}V_v$ ，其 随体导数为 $\dfrac{\mathrm{D}}{\mathrm{D}t}\int_{V_v} \phi \mathrm{d}V_v$ ，物理意义为体积 V_v 内的标量函数 ϕ 的积分对时间的变化率. 它由 两部分组成：一部分为体积 V_v 内 ϕ 随时间的变化，另一部分为 ϕ 通过 V_v 表面 A 流出的通量. 所以

$$\frac{\mathrm{D}}{\mathrm{D}t}\int_{V_v} \phi \mathrm{d}V_v = \int_{V_v} \frac{\partial \phi}{\partial t} \mathrm{d}V_v + \int_{A} \phi V_n \mathrm{d}A \tag{2-17}$$

式（2-17）中 V_n 为流体速度沿封闭曲面外法线方向的分量. 应用高斯定律

$$\int_{A} \phi V_n \mathrm{d}A = \int_{V_v} \nabla \cdot (\phi \boldsymbol{V}) \mathrm{d}V_v$$

代入式（2-17）可得

$$\begin{aligned}
\frac{\mathrm{D}}{\mathrm{D}t}\int_{V_v} \phi \mathrm{d}V_v &= \int_{V_v} \left[\frac{\partial \phi}{\partial t} + \nabla \cdot (\phi \boldsymbol{V}) \right] \mathrm{d}V_v \\
&= \int_{V_v} \left[\frac{\partial \phi}{\partial t} + \boldsymbol{V}\nabla \phi + \phi \nabla \cdot \boldsymbol{V} \right] \mathrm{d}V_v \\
&= \int_{V_v} \left(\frac{\mathrm{D}\phi}{\mathrm{D}t} + \phi \nabla \cdot \boldsymbol{V} \right) \mathrm{d}V_v
\end{aligned} \tag{2-18}$$

若标量函数 ϕ 为密度 ρ 与另一标量函数 ψ 的乘积，即

$$\phi = \rho \psi$$

则

$$\frac{\mathrm{D}}{\mathrm{D}t}\int_{V_v}\rho\psi\mathrm{d}V_v = \int_{V_v}\left[\frac{\mathrm{D}(\rho\psi)}{\mathrm{D}t}+\rho\psi\nabla\cdot\boldsymbol{V}\right]\mathrm{d}V_v$$

$$= \int_{V_v}\left[\rho\frac{\mathrm{D}\psi}{\mathrm{D}t}+\psi\left(\frac{\mathrm{D}\rho}{\mathrm{D}t}+\rho\nabla\cdot\boldsymbol{V}\right)\right]\mathrm{d}V_v$$

$$= \int_{V_v}\rho\frac{\mathrm{D}\psi}{\mathrm{D}t}\mathrm{d}V_v\left(因为\frac{\mathrm{D}\rho}{\mathrm{D}t}+\rho\nabla\cdot\boldsymbol{V}=0\right) \tag{2-19}$$

对矢量函数 $\rho\boldsymbol{a}$，则有

$$\frac{\mathrm{D}}{\mathrm{D}t}\int_{V_v}\rho\boldsymbol{a}\mathrm{d}V_v = \int_{V_v}\rho\frac{\mathrm{D}\boldsymbol{a}}{\mathrm{D}t}\mathrm{d}V_v \tag{2-20}$$

2.2　运 动 方 程

2.2.1　用应力张量[τ]表示的运动方程

在流场中任取一团运动着的流体作为控制体. 其体积为 V_v，包围该流体的封闭曲面作为控制面，其面积为 A，作用在 V_v 中单位质量流体上的质量力为 $\boldsymbol{F}$，单位面积上的表面力为 τ_n，如图 2-2 所示.

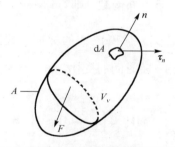

图 2-2　推导运动方程用的控制体示意图

根据动量定理，控制体 V_v 内流体动量对时间的变化率等于作用于控制体体积上的质量力和作用于控制面 A 上的表面力之和. 用公式表示为

$$\frac{\mathrm{D}}{\mathrm{D}t}\int_{V_v}\rho\boldsymbol{V}\mathrm{d}V_v = \int_{V_v}\rho\boldsymbol{F}\mathrm{d}V_v + \int_A\tau_n\mathrm{d}A \tag{2-21}$$

式中，$\boldsymbol{F}$ 为作用在控制体体积上的质量力；τ_n 为作用在法矢为 $\boldsymbol{n}$ 的微元面 $\mathrm{d}A$ 上的应力.

对式（2-21）左边运用式（2-20）的结果，可得

$$\frac{\mathrm{D}}{\mathrm{D}t}\int_{V_v}\rho\boldsymbol{V}\mathrm{d}V_v = \int_{V_v}\rho\frac{\mathrm{D}\boldsymbol{V}}{\mathrm{D}t}\mathrm{d}V_v \tag{2-22}$$

对式（2-21）右边第二项运用推广的高斯定理，可得

$$\int_A\tau_n\mathrm{d}A = \int_A\boldsymbol{n}\cdot[\boldsymbol{\tau}]\mathrm{d}A = \int_{v_v}\nabla\cdot[\boldsymbol{\tau}]\mathrm{d}V_v \tag{2-23}$$

综合上述结果，可得

$$\int_{V_v} \left\{ \rho \frac{\mathrm{D}\boldsymbol{V}}{\mathrm{D}t} - \rho \boldsymbol{F} - \nabla \cdot [\boldsymbol{\tau}] \right\} \mathrm{d}V_v = 0 \tag{2-24}$$

由于被积函数在整个流场中连续，控制体任意选取. 当控制体选成微元体时，式（2-24）成为

$$\rho \frac{\mathrm{D}\boldsymbol{V}}{\mathrm{D}t} - \rho \boldsymbol{F} - \nabla \cdot [\boldsymbol{\tau}] = 0 \tag{2-25}$$

式（2-25）即为用应力张量$[\boldsymbol{\tau}]$表示的黏性流体运动的微分方程式.

在直角坐标系中，式（2-25）可写成

$$\begin{cases} \rho \left(\dfrac{\partial u}{\partial t} + u \dfrac{\partial u}{\partial x} + v \dfrac{\partial u}{\partial y} + w \dfrac{\partial u}{\partial z} \right) = \rho F_x + \dfrac{\partial \tau_{xx}}{\partial x} + \dfrac{\partial \tau_{yx}}{\partial y} + \dfrac{\partial \tau_{zx}}{\partial z} \\[3mm] \rho \left(\dfrac{\partial v}{\partial t} + u \dfrac{\partial v}{\partial x} + v \dfrac{\partial v}{\partial y} + w \dfrac{\partial v}{\partial z} \right) = \rho F_y + \dfrac{\partial \tau_{xy}}{\partial x} + \dfrac{\partial \tau_{yy}}{\partial y} + \dfrac{\partial \tau_{zy}}{\partial z} \\[3mm] \rho \left(\dfrac{\partial w}{\partial t} + u \dfrac{\partial w}{\partial x} + v \dfrac{\partial w}{\partial y} + w \dfrac{\partial w}{\partial w} \right) = \rho F_z + \dfrac{\partial \tau_{xz}}{\partial x} + \dfrac{\partial \tau_{yz}}{\partial y} + \dfrac{\partial \tau_{zz}}{\partial z} \end{cases} \tag{2-26}$$

用张量的分量形式表示为

$$\rho \frac{\mathrm{D}u_i}{\mathrm{D}t} = \rho F_i + \frac{\partial \tau_{ji}}{\partial x_j} \quad (i=1,2,3) \tag{2-27}$$

2.2.2　用变形率张量[ε]表示的运动方程

根据本构方程，应力张量$[\boldsymbol{\tau}]$与变形率张量$[\boldsymbol{\varepsilon}]$之间存在下列关系：

$$\tau_{ij} = 2\mu\varepsilon_{ij} - \left(p - \lambda \frac{\partial u_k}{\partial x_k} \right) \delta_{ij}$$

则

$$\begin{aligned} \frac{\partial \tau_{ji}}{\partial x_j} &= 2 \frac{\partial}{\partial x_j} (\mu\varepsilon_{ji}) - \frac{\partial}{\partial x_j} \left(p - \lambda \frac{\partial u_k}{\partial x_k} \right) \delta_{ji} \\[2mm] &= 2 \frac{\partial}{\partial x_j} (\mu\varepsilon_{ji}) - \frac{\partial}{\partial x_i} \left(p - \lambda \frac{\partial u_k}{\partial x_k} \right) \end{aligned}$$

代入式（2-27）得

$$\rho \frac{\mathrm{D}u_i}{\mathrm{D}t} = \rho F_i + 2 \frac{\partial}{\partial x_j} (\mu\varepsilon_{ji}) - \frac{\partial}{\partial x_i} \left(p - \lambda \frac{\partial u_k}{\partial x_k} \right)$$

因为

$$\varepsilon_{ji} = \frac{1}{2} \left(\frac{\partial u_i}{\partial x_j} + \frac{\partial u_j}{\partial x_i} \right)$$

代入得

$$\rho\frac{\mathrm{D}u_i}{\mathrm{D}t}=\rho F_i-\frac{\partial p}{\partial x_i}+\frac{\partial}{\partial x_i}\left(\lambda\frac{\partial u_k}{\partial x_k}\right)+\frac{\partial}{\partial x_j}\left[\mu\left(\frac{\partial u_i}{\partial x_j}+\frac{\partial u_j}{\partial x_i}\right)\right]\quad(i=1,2,3)\qquad(2\text{-}28)$$

式（2-28）即为描写黏性流体运动的纳维–斯托克斯 Navier-Stokes 方程的张量表达式.

分别写出在直角坐标系 x,y,z 三方向的表达式

$$\begin{cases}\rho\dfrac{\mathrm{D}u}{\mathrm{D}t}=\rho F_x-\dfrac{\partial p}{\partial x}+\dfrac{\partial}{\partial x}(\lambda\nabla\cdot\boldsymbol{V})+\dfrac{\partial}{\partial x}\left[\mu\left(\dfrac{\partial u}{\partial x}+\dfrac{\partial u}{\partial x}\right)\right]+\dfrac{\partial}{\partial y}\left[\mu\left(\dfrac{\partial u}{\partial y}+\dfrac{\partial v}{\partial x}\right)\right]+\dfrac{\partial}{\partial z}\left[\mu\left(\dfrac{\partial u}{\partial z}+\dfrac{\partial w}{\partial x}\right)\right]\\[2mm]\rho\dfrac{\mathrm{D}v}{\mathrm{D}t}=\rho F_y-\dfrac{\partial p}{\partial y}+\dfrac{\partial}{\partial y}(\lambda\nabla\cdot\boldsymbol{V})+\dfrac{\partial}{\partial x}\left[\mu\left(\dfrac{\partial v}{\partial x}+\dfrac{\partial u}{\partial y}\right)\right]+\dfrac{\partial}{\partial y}\left[\mu\left(\dfrac{\partial v}{\partial y}+\dfrac{\partial v}{\partial y}\right)\right]+\dfrac{\partial}{\partial z}\left[\mu\left(\dfrac{\partial v}{\partial z}+\dfrac{\partial w}{\partial y}\right)\right]\\[2mm]\rho\dfrac{\mathrm{D}w}{\mathrm{D}t}=\rho F_z-\dfrac{\partial p}{\partial z}+\dfrac{\partial}{\partial z}(\lambda\nabla\cdot\boldsymbol{V})+\dfrac{\partial}{\partial x}\left[\mu\left(\dfrac{\partial w}{\partial x}+\dfrac{\partial u}{\partial z}\right)\right]+\dfrac{\partial}{\partial y}\left[\mu\left(\dfrac{\partial w}{\partial y}+\dfrac{\partial v}{\partial z}\right)\right]+\dfrac{\partial}{\partial z}\left[\mu\left(\dfrac{\partial w}{\partial z}+\dfrac{\partial w}{\partial z}\right)\right]\end{cases}$$

$$(2\text{-}29)$$

对于不可压缩流体，$\nabla\cdot\boldsymbol{V}=0$，$\mu$ 为常数，式（2-28）成为

$$\rho\frac{\mathrm{D}u_i}{\mathrm{D}t}=\rho F_i-\frac{\partial p}{\partial x_i}+\mu\left[\frac{\partial^2 u_i}{\partial x_j\partial x_j}+\frac{\partial}{\partial x_i}\left(\frac{\partial u_j}{\partial x_j}\right)\right]$$

$$=\rho F_i-\frac{\partial p}{\partial x_i}+\mu\frac{\partial^2 u_i}{\partial x_j\partial x_j}\qquad(2\text{-}30)$$

式（2-30）中最后一个等号是因为对不可压缩流体，$\dfrac{\partial u_j}{\partial x_j}=0$. 式（2-30）即为不可压缩黏性流体的运动方程式.

写出其在直角坐标系中的具体表达式

$$\begin{cases}\rho\dfrac{\mathrm{D}u}{\mathrm{D}t}=\rho F_x-\dfrac{\partial p}{\partial x}+\mu\left(\dfrac{\partial^2 u}{\partial x^2}+\dfrac{\partial^2 u}{\partial y^2}+\dfrac{\partial^2 u}{\partial z^2}\right)\\[2mm]\rho\dfrac{\mathrm{D}v}{\mathrm{D}t}=\rho F_y-\dfrac{\partial p}{\partial y}+\mu\left(\dfrac{\partial^2 v}{\partial x^2}+\dfrac{\partial^2 v}{\partial y^2}+\dfrac{\partial^2 v}{\partial z^2}\right)\\[2mm]\rho\dfrac{\mathrm{D}w}{\mathrm{D}t}=\rho F_z-\dfrac{\partial p}{\partial z}+\mu\left(\dfrac{\partial^2 w}{\partial x^2}+\dfrac{\partial^2 w}{\partial y^2}+\dfrac{\partial^2 w}{\partial z^2}\right)\end{cases}\qquad(2\text{-}31)$$

式（2-31）是“工程流体力学”课程中已推导出的直角坐标系中的不可压缩黏性流体的纳维–斯托克斯方程，其矢量形式为

$$\rho\frac{\mathrm{D}\boldsymbol{V}}{\mathrm{D}t}=\rho\boldsymbol{F}-\nabla p+\mu\Delta\boldsymbol{V}\qquad(2\text{-}32)$$

2.3　能　量　方　程

2.3.1　用总能表示的能量方程

如图 2-3 所示，在流场中，任取一团运动着的流体作控制体，其周界封闭曲面 A 作控

制面，控制面所包围的流体体积为 V_v，根据能量守恒定律，该团流体的动能和内能对时间的变化率等于单位时间内质量力、表面力所做的功和系统内热量增量的总和，用数学公式表示为

$$\frac{\mathrm{D}}{\mathrm{D}t}\int_{V_v}\rho\left(e+\frac{V^2}{2}\right)\mathrm{d}V_v = \int_{V_v}\rho\boldsymbol{F}\cdot\boldsymbol{V}\mathrm{d}V_v + \int_A\boldsymbol{\tau}_n\cdot\boldsymbol{V}\mathrm{d}A + \int_A k\frac{\partial T}{\partial n}\mathrm{d}A + \int_{V_v}\rho q\mathrm{d}V_v \quad （2\text{-}33）$$

式中，e 和 $\dfrac{V^2}{2}$ 分别表示单位质量流体所具有的内能和动能；$\displaystyle\int_A k\frac{\partial T}{\partial n}\mathrm{d}A$ 表示单位时间内由热传导通过控制面 A 传入的热量；q 表示由热辐射或其他原因单位时间内传给单位质量流体的热量.

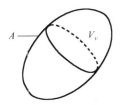

图 2-3　推导能量方程用的控制体示意图

对式（2-33）等号左边一项，运用式（2-19）可改写为

$$\frac{\mathrm{D}}{\mathrm{D}t}\int_{V_v}\rho\left(e+\frac{V^2}{2}\right)\mathrm{d}V_v = \int_{V_v}\rho\frac{\mathrm{D}}{\mathrm{D}t}\left(e+\frac{V^2}{2}\right)\mathrm{d}V_v$$

对式（2-33）等号右边第二项和第三项，分别运用推广的高斯定理，可得

$$\int_A\boldsymbol{\tau}_n\cdot\boldsymbol{V}\mathrm{d}A = \int_A\boldsymbol{n}\cdot([\boldsymbol{\tau}]\cdot\boldsymbol{V})\mathrm{d}A = \int_{V_v}\nabla\cdot([\boldsymbol{\tau}]\cdot\boldsymbol{V})\mathrm{d}V_v$$

$$\int_A k\cdot\frac{\partial T}{\partial n}\mathrm{d}A = \int_{V_v}\nabla\cdot(k\nabla T)\mathrm{d}V_v$$

代入式（2-33），可得

$$\int_{V_v}\rho\frac{\mathrm{D}}{\mathrm{D}t}\left(e+\frac{V^2}{2}\right)\mathrm{d}V_v = \int_{V_v}\rho\boldsymbol{F}\cdot\boldsymbol{V}\mathrm{d}V_v + \int_{V_v}\nabla\cdot([\boldsymbol{\tau}]\cdot\boldsymbol{V})\mathrm{d}V_v$$
$$+ \int_{V_v}\nabla\cdot(k\nabla T)\mathrm{d}V_v + \int_{V_v}\rho q\mathrm{d}V_v \quad （2\text{-}34）$$

由于流场中各物理量连续分布，控制体 V_v 任意选取. 当控制体 V_v 选为微元体时，式（2-34）就成为

$$\rho\frac{\mathrm{D}}{\mathrm{D}t}\left(e+\frac{V^2}{2}\right) = \rho\boldsymbol{F}\cdot\boldsymbol{V} + \nabla\cdot([\boldsymbol{\tau}]\cdot\boldsymbol{V}) + \nabla\cdot(k\nabla T) + \rho q \quad （2\text{-}35）$$

式（2-35）即为用总能表示的能量方程的矢量表达式，写成张量的分量形式

$$\rho\frac{\mathrm{D}}{\mathrm{D}t}\left(e+\frac{1}{2}u_iu_i\right) = \rho F_iu_i + \frac{\partial\tau_{ji}u_i}{\partial x_j} + \frac{\partial}{\partial x_i}\left(k\frac{\partial T}{\partial x_i}\right) + \rho q \quad （2\text{-}36）$$

式（2-36）中等号右边第二项 $\dfrac{\partial \tau_{ji} u_i}{\partial x_j}$ 是由式（2-35）中 $\nabla \cdot ([\boldsymbol{\tau}] \cdot \boldsymbol{V})$ 推导而得，其推导过程为

$$\nabla \cdot ([\boldsymbol{\tau}] \cdot \boldsymbol{V}) = \boldsymbol{e}_k \frac{\partial}{\partial x_k}(\boldsymbol{e}_j \cdot \boldsymbol{e}_i \cdot \tau_{ji} \boldsymbol{e}_l \cdot u_l)$$

因为 $\boldsymbol{e}_k \cdot \boldsymbol{e}_j = \delta_{jk}$，$\boldsymbol{e}_i \cdot \boldsymbol{e}_l = \delta_{il}$，且下标 k 和 l 都是重复下标求和，所以

$$\nabla \cdot ([\boldsymbol{\tau}] \cdot \boldsymbol{V}) = \boldsymbol{e}_k \frac{\partial}{\partial x_k}(\boldsymbol{e}_j \cdot \boldsymbol{e}_i \cdot \tau_{ji} \cdot \boldsymbol{e}_l \cdot u_l) = \frac{\partial}{\partial x_j}(\tau_{ji} u_i)$$

2.3.2　用内能表示的能量方程

将式（2-36）等号右边第二项展开，可得

$$\frac{\partial}{\partial x_j}(\tau_{ji} u_i) = u_i \frac{\partial \tau_{ji}}{\partial x_j} + \tau_{ji} \frac{\partial u_i}{\partial x_j} \tag{2-37}$$

代入式（2-36）可得

$$\rho \frac{\mathrm{D}e}{\mathrm{D}t} + \rho u_i \frac{\mathrm{D}u_i}{\mathrm{D}t} = \rho F_i u_i + u_i \frac{\partial \tau_{ji}}{\partial x_j} + \tau_{ji} \frac{\partial u_i}{\partial x_j} + \frac{\partial}{\partial x_i}\left(k \frac{\partial T}{\partial x_i}\right) + \rho q \tag{2-38}$$

将运动方程与速度分量相乘，其结果如式（2-39）所示，表示的是机械能之间的一种转换. 其与式（2-38）中第二、第三、第四项相似

$$\rho u_i \frac{\mathrm{D}u_i}{\mathrm{D}t} = \rho F_i u_i + u_i \frac{\partial \tau_{ji}}{\partial x_j} \tag{2-39}$$

可见，式（2-38）剩下各项即反映了系统内能的变化情况.

$$\rho \frac{\mathrm{D}e}{\mathrm{D}t} = \tau_{ji} \frac{\partial u_i}{\partial x_j} + \frac{\partial}{\partial x_i}\left(k \frac{\partial T}{\partial x_i}\right) + \rho q \tag{2-40}$$

式（2-40）是以内能形式表示的能量方程的张量表达式. 其物理意义为，单位时间内、单位体积流体内能的变化率等于流体变形时表面力做功与外部传入热量之和.

2.3.3　耗散函数

式（2-40）等号右边第一项 $\tau_{ji} \dfrac{\partial u_i}{\partial x_j}$ 表示流体变形时表面力做功，而且这部分功不再以机械能形式存在，而是大部分由于黏性流体的耗散，不可逆地转化成了热能. 将本构方程式（1-77）代入，可得

$$\begin{aligned}
\tau_{ji} \frac{\partial u_i}{\partial x_j} &= \left[2\mu\varepsilon_{ji} - \left(p - \lambda\frac{\partial u_l}{\partial x_l}\right)\delta_{ij}\right]\frac{\partial u_i}{\partial x_j} \\
&= 2\mu\varepsilon_{ji}\frac{\partial u_i}{\partial x_j} - p\frac{\partial u_i}{\partial x_i} + \lambda\frac{\partial u_l}{\partial x_l}\frac{\partial u_i}{\partial x_i} \\
&= 2\mu\varepsilon_{ji}\varepsilon_{ji} - p\nabla \cdot \boldsymbol{V} + \lambda(\nabla \cdot \boldsymbol{V})^2 \tag{2-41}
\end{aligned}$$

式（2-41）表示流体变形时表面力做的功可分解成三部分. 第一部分为黏性应力的形变耗功，第二部分为压缩功，第三部分为黏性膨胀时的耗功. 上述三部分中，除压缩功仍保持机械能守恒外，其余两部分均不可逆地将机械能转化成了热能. 因此，这两部分可认为是黏性流体运动时能量的耗散，用耗散函数 Φ 表示这一部分功耗

$$\Phi = 2\mu\varepsilon_{ji}\varepsilon_{ji} + \lambda(\nabla \cdot V)^2 \tag{2-42}$$

将式（2-42）展开，令 $\lambda = -\dfrac{2}{3}\mu$，（忽略第二黏性系数的影响），得

$$\Phi = \mu(2\varepsilon_{11}^2 + 2\varepsilon_{22}^2 + 2\varepsilon_{33}^2 + 4\varepsilon_{12}^2 + 4\varepsilon_{23}^2 + 4\varepsilon_{31}^2) - \frac{2}{3}\mu(\varepsilon_{11} + \varepsilon_{22} + \varepsilon_{33})^2$$

整理得

$$\Phi = 4\mu(\varepsilon_{12}^2 + \varepsilon_{23}^2 + \varepsilon_{31}^2) + \frac{2}{3}\mu[(\varepsilon_{11} - \varepsilon_{22})^2 + (\varepsilon_{22} - \varepsilon_{33})^2 + (\varepsilon_{33} - \varepsilon_{11})^2] \tag{2-43}$$

由式（2-43）可知，对非黏性流体，$\mu = 0$，$\Phi = 0$，无耗散；对黏性流体，$\mu \neq 0$，但若 $\varepsilon_{ij} = 0$，即变形率为零，$\Phi = 0$，也无耗散，而且当 $\varepsilon_{ij} = 0(i \neq j)$，$\varepsilon_{ii} = \varepsilon_{jj}$，$\Phi$ 也等于零，即无剪切变形，仅由各向同性的线变形时，也无耗散. 所以，黏性耗散主要由流体的剪切变形引起.

2.3.4　用温度 T 表示的能量方程

将式（2-41）、式（2-42）代入式（2-40），并用矢量形式表示，得

$$\rho\frac{\mathrm{D}e}{\mathrm{D}t} = -p\nabla \cdot V + \Phi + \nabla \cdot (k\nabla T) + \rho q \tag{2-44}$$

由式（2-15）

$$\frac{\mathrm{D}\rho}{\mathrm{D}t} + \rho\left(\frac{\partial u_i}{\partial x_i}\right) = 0$$

其矢量形式为

$$\frac{1}{\rho}\frac{\mathrm{D}\rho}{\mathrm{D}t} + \nabla \cdot V = 0 \tag{2-45}$$

式（2-45）可以改写成

$$\nabla \cdot V = -\frac{1}{\rho}\frac{\mathrm{D}\rho}{\mathrm{D}t} = \rho\frac{\mathrm{D}}{\mathrm{D}t}\left(\frac{1}{\rho}\right) \tag{2-46}$$

将式（2-46）代入式（2-44）得

$$\rho\left[\frac{\mathrm{D}e}{\mathrm{D}t} + p\frac{\mathrm{D}}{\mathrm{D}t}\left(\frac{1}{\rho}\right)\right] = \Phi + \nabla \cdot (k\nabla T) + \rho q \tag{2-47}$$

对于完全气体，由热力学知

$$T\frac{Ds}{Dt} = \frac{De}{Dt} + p\frac{D}{Dt}\left(\frac{1}{\rho}\right) \tag{2-48}$$

$$\frac{Dh}{Dt} = \frac{De}{Dt} + p\frac{D}{Dt}\left(\frac{1}{\rho}\right) + \frac{1}{\rho}\frac{Dp}{Dt} \tag{2-49}$$

所以，可将式（2-47）改成用焓 h 或熵 s 表示的能量方程

$$\rho T\frac{Ds}{Dt} = \Phi + \nabla \cdot (k\nabla T) + \rho q \tag{2-50}$$

$$\rho\frac{Dh}{Dt} = \frac{Dp}{Dt} + \Phi + \nabla \cdot (k\nabla T) + \rho q \tag{2-51}$$

因为

$$De = C_v \, DT \tag{2-52}$$

$$Dh = C_p \, DT \tag{2-53}$$

则式（2-47）和式（2-51）可写成用温度 T 表达的形式

$$\rho C_v \frac{DT}{Dt} = -p\nabla \cdot V + \Phi + \nabla \cdot (k\nabla T) + \rho q \tag{2-54}$$

$$\rho C_p \frac{DT}{Dt} = \frac{Dp}{Dt} + \Phi + \nabla \cdot (k\nabla T) + \rho q \tag{2-55}$$

对于不可压缩流体 $\nabla \cdot V = 0$，令 k 为常数，则式（2-54）成为

$$\rho C_v \frac{DT}{Dt} = \Phi + k\Delta T + \rho q \tag{2-56}$$

式（2-56）中，"Δ" 是拉普拉斯算符. 此时，式（2-55）也可表达成

$$\rho C_p \frac{DT}{Dt} = \frac{Dp}{Dt} + \Phi + k\Delta T + \rho q \tag{2-57}$$

2.4　状　态　方　程

在研究流体运动时，必然要涉及流体所处热力系统的热力状态参数对流体运动的影响. 流体所处热力系统的热力状态参数，如 p、ρ、T 等，就是用于表征流体所处的宏观平衡状态的. 这些状态参数之间的函数关系式称为状态方程.

严格地说，只有静止流体完全符合宏观平衡态的要求. 处在流动中的流体应视为非平衡态流体，但除了激波等变化剧烈的场合，对于流体质点使用平衡态的热力学关系还是近似准确的.

2.4.1　完全气体状态方程

对于远离液态的气体，分子之间的内聚力很小，可忽略不计. 气体质点中分子所占体

积与气体质点所占空间相比，也可忽略不计. 气体分子间的碰撞可视为完全弹性碰撞，动能没有损失，这种气体称为完全气体. 在常温常压下，空气、二氧化碳、氮气、氢气等气体的物理特性与完全气体十分接近. 对完全气体，状态方程可表示为

$$pv = RT \tag{2-58}$$

式中，v 为比容；R 为气体常数，空气的气体常数为 $287\mathrm{N}\cdot\mathrm{m}/(\mathrm{kg}\cdot\mathrm{K})$. 状态方程也可表示为

$$\frac{p}{\rho} = RT \tag{2-59}$$

2.4.2　其他热力状态参数间的关系

除 p、ρ、T 外，流体力学中还可用到内能 e、熵 s、焓 h 等热力状态参数，这些热力参数都和比热容有一定关系，有定容比热容 C_v 和定压比热容 C_p 两个比热容参数，分别表示在体积保持不变和压力保持不变两种条件下单位质量流体温度每升高 $1\,℃$ 所吸收的热量. 两者之比称为比热比，用 γ 表示，即

$$\gamma = \frac{C_p}{C_v} \tag{2-60}$$

对于空气，$\gamma = 1.4$. C_p 与 C_v 间还存在以下关系：

$$C_p = C_v + R \tag{2-61}$$

若流动可视为绝热过程，则

$$\rho = \rho_0 \left(\frac{p}{p_0}\right)^{1/\gamma} \tag{2-62}$$

式中，ρ_0、p_0 为所对应的静止流体中的密度和压力，称为滞止密度和滞止压力.

内能 e、熵 s、焓 h 等热力状态参数可分别用以下公式表示：

$$e = \int C_v \mathrm{d}t + 常数 \tag{2-63}$$

$$s = \int \left(\frac{C_v}{T}\mathrm{d}T + \frac{R}{V_v}\mathrm{d}V_v\right) + 常数 \tag{2-64}$$

$$h = \int C_p \mathrm{d}T + 常数 \tag{2-65}$$

在温度变化范围不大时，可将 C_v、C_p 近似地视为常数. 若考虑到 $T = 0$ 时 $e = 0$，$h = 0$，则内能、焓可表示为

$$e = C_v T \tag{2-66}$$

$$h = C_p T \tag{2-67}$$

2.5　黏性流体运动方程组的封闭性和定解条件

2.5.1　方程组的封闭性

连续性方程、运动方程、能量方程和状态方程构成了黏性流体动力学的基本方程组. 该方程组由 1 个连续性方程、3 个运动方程、1 个能量方程、1 个状态方程共 6 个方程组成，所涉及的未知物理量有 ρ、$V(u,v,w)$、$F(f_x,f_y,f_z)$、μ、λ、p、C_v、T、k、q 等 14 个. 上述这 14 个未知量中，黏性系数 μ、包括体积黏性系数 μ' 的系数 λ、比热容 C_v、导热系数 k 均为流体的物性，一般已知. 而质量力 $F(f_x,f_y,f_z)$、辐射热或化学能 q 一般也需给定，这样就剩下密度 ρ、速度 $V(u,v,w)$、压力 p、温度 T 四个未知数，现有 6 个方程，所以方程组封闭.

2.5.2　定解条件

要使方程组的解具有唯一性，必须满足具体的初始条件和边界条件. 这些条件统称为定解条件.

1.　初始条件

初始条件给出初始时刻 $t = t_0$ 时流场中的函数值.

$$\text{速度场为}\quad u_i(x,y,z,t_0) = u_{0i}(x,y,z) \quad (i = 1,2,3) \tag{2-68}$$

$$\text{压力场为}\quad p(x,y,z,t_0) = p_0(x,y,z) \tag{2-69}$$

$$\text{密度场为}\quad \rho(x,y,z,t_0) = \rho_0(x,y,z) \tag{2-70}$$

$$\text{温度场为}\quad T(x,y,z,t_0) = T_0(x,y,z) \tag{2-71}$$

等式右边各值均为已知值. 对于定常流动，不存在随时变化问题，因而不需给出初始条件.

2.　边界条件

边界条件指在运动流体的边界上，方程组的解应满足的条件，也就是边界上未知量的值，一般来说有三种情况.

1）流体与固体表面接触

黏性流体绕静止固体流动，必须满足固体壁面上无滑移条件，即切向速度：$v_\tau = 0$.
对于法向速度，则视固体壁面有无渗透而定. 若无渗透，则法向速度：$v_n = 0$.
对于温度场，还可以有温度边界条件.

第一类温度边界条件为：$T = T_w$；

第二类温度边界条件为：$q_w = -\left(k\dfrac{\partial T}{\partial n}\right)_w$.

2）不同流体分界面

对于互不渗透流体的分界面，当分界面两侧处于热力学平衡和力学平衡状态时，则：

切向速度连续：$v_{\tau 1w} = v_{\tau 2w}$；

温度连续：$T_{1w} = T_{2w}$；

不改变表面张力，压力连续：$p_{1w} = p_{2w}$；

在界面上不分离，法向速度连续：$v_{n1w} = v_{n2w}$.

3）流道入口和出口

管道中的流动往往与流道入口和出口面的速度、压力、温度分布有关. 一般入口端应与来流条件一致，出口端应与下游条件一致.

2.6　黏性流体运动的基本性质

2.6.1　黏性流体运动的有旋性

对于理想流体，运动可以是无旋的，也可以是有旋的，而黏性流体的运动一定是有旋的. 1.3 节流体的变形率张量中指出，流体的旋转角速度矢量用 $\boldsymbol{\omega} = \omega_x \boldsymbol{i} + \omega_y \boldsymbol{j} + \omega_z \boldsymbol{k}$ 表示，式中

$$\omega_x = \frac{1}{2}\left(\frac{\partial w}{\partial y} - \frac{\partial v}{\partial z}\right)$$

$$\omega_y = \frac{1}{2}\left(\frac{\partial u}{\partial z} - \frac{\partial w}{\partial x}\right)$$

$$\omega_z = \frac{1}{2}\left(\frac{\partial v}{\partial x} - \frac{\partial u}{\partial y}\right)$$

也可用涡量 $\boldsymbol{\Omega} = 2\boldsymbol{\omega} = \nabla \times \boldsymbol{V}$，即速度的旋度表示. 现要证明，黏性流体运动一定存在 $\boldsymbol{\omega}$ 或 $\boldsymbol{\Omega}$.

对于不可压缩黏性流体，其基本方程组为

$$\nabla \cdot \boldsymbol{V} = 0$$

$$\frac{\mathrm{D}\boldsymbol{V}}{\mathrm{D}t} = \boldsymbol{F} - \frac{1}{\rho}\nabla p + \nu\Delta\boldsymbol{V} \tag{2-72}$$

根据场论知识

$$\Delta\boldsymbol{V} = \nabla(\nabla \cdot \boldsymbol{V}) - \nabla \times (\nabla \times \boldsymbol{V}) = -\nabla \times \boldsymbol{\Omega} \tag{2-73}$$

所以式（2-72）可写成

$$\nabla \cdot \boldsymbol{V} = 0$$

$$\frac{\mathrm{D}\boldsymbol{V}}{\mathrm{D}t} = \boldsymbol{F} - \frac{1}{\rho}\nabla p - \nu\nabla \times \boldsymbol{\Omega} \tag{2-74}$$

若黏性流体做无旋运动，$\nabla \times \boldsymbol{\Omega} = 0$，黏性力项不复存在，运动方程退化为理想流体运动的欧拉方程. 所以说只要黏性力项存在，就一定是有旋流动.

2.6.2　黏性流体中涡旋的扩散性

黏性流体运动总是有旋的，而且涡旋不守恒，可产生、发展、衰减甚至消失. 此外，涡旋还具有扩散性，即可由涡旋强度大的地方向涡旋强度小的地方扩散，最终强度分布达到均匀.

为了讨论涡旋在黏性流体中运动的性质和规律，有必要建立涡量传输方程. 根据场论知识，速度 V 的随体导数可写为

$$\frac{\mathrm{D}V}{\mathrm{D}t} = \frac{\partial V}{\partial t} + (V \cdot \nabla)V = \frac{\partial V}{\partial t} + \nabla\left(\frac{V}{2}\right)^2 + (\nabla \times V) \times V \tag{2-75}$$

则运动方程（2-25）可改写为

$$\frac{\partial V}{\partial t} + \nabla\left(\frac{V}{2}\right)^2 + (\nabla \times V) \times V = F + \frac{1}{\rho}\nabla \cdot [\tau] \tag{2-76}$$

式（2-76）称为葛罗米柯–兰姆（и.се.ГРОМеКа-H.Lamb）运动微分方程，根据本构方程，将 $[\tau]$ 的表达式代入，可将式（2-76）改写为

$$\frac{\partial V}{\partial t} + \nabla\left(\frac{V}{2}\right)^2 + (\nabla \times V) \times V = F - \frac{1}{\rho}\nabla p + \frac{1}{\rho}\nabla(\lambda\nabla \cdot V) + \frac{1}{\rho}\nabla \cdot (2\mu[\varepsilon]) \tag{2-77}$$

对式（2-77）等号两边取旋度，可得

$$\frac{\partial \boldsymbol{\Omega}}{\partial t} + \nabla \times (\boldsymbol{\Omega} \times V) = \nabla \times F - \nabla \times \left(\frac{1}{\rho}\nabla p\right) + \nabla \times \left[\frac{1}{\rho}\nabla(\lambda\nabla \cdot V)\right] + \nabla \times \left(\frac{1}{\rho}\nabla \cdot 2\mu[\varepsilon]\right) \tag{2-78}$$

根据场论知识有

$$\frac{\partial \boldsymbol{\Omega}}{\partial t} + \nabla \times (\boldsymbol{\Omega} \times V) = \frac{\partial \boldsymbol{\Omega}}{\partial t} + (V \cdot \nabla)\boldsymbol{\Omega} - (\boldsymbol{\Omega} \cdot \nabla)V + \boldsymbol{\Omega}\nabla \cdot V - V\nabla \cdot \boldsymbol{\Omega}$$

$$= \frac{\mathrm{D}\boldsymbol{\Omega}}{\mathrm{D}t} - (\boldsymbol{\Omega} \cdot \nabla)V + \boldsymbol{\Omega}\nabla \cdot V \tag{2-79}$$

代入式（2-78），得

$$\frac{\mathrm{D}\boldsymbol{\Omega}}{\mathrm{D}t} - (\boldsymbol{\Omega} \cdot \nabla)V + \boldsymbol{\Omega}\nabla \cdot V = \nabla \times F - \nabla \times \left(\frac{1}{\rho}\nabla p\right) + \nabla \times \left[\frac{1}{\rho}\nabla(\lambda\nabla \cdot V)\right]$$

$$+ \nabla \times \left[\frac{1}{\rho}\nabla \cdot 2\mu[\varepsilon]\right] \tag{2-80}$$

式（2-80）为一般形式的涡量传输方程. 对于质量力有势、不可压缩的黏性流体，涡量传输方程成为

$$\frac{\mathrm{D}\boldsymbol{\Omega}}{\mathrm{D}t} - (\boldsymbol{\Omega} \cdot \nabla)V = \nu\Delta\boldsymbol{\Omega} \tag{2-81}$$

而式（2-81）的张量形式为

$$\frac{\mathrm{D}\Omega_i}{\mathrm{D}t} - \Omega_j\frac{\partial u_i}{\partial x_j} = \nu\frac{\partial^2 \Omega_i}{\partial x_j \partial x_j} \quad (i = 1,2,3) \tag{2-82}$$

式（2-82）中 Ω_i 为涡量 Ω 在坐标系中的一个分量.

如图 2-4 所示，不可压缩黏性流体中强度为 Γ_0 的无限长涡线，沿 z 轴延伸. 设流体质量力有势，讨论其涡量的变化. 这是一个典型的二维流动，此时 $(\boldsymbol{\Omega} \cdot \nabla)\boldsymbol{V} = 0$，涡量传输方程为

$$\frac{\mathrm{D}\boldsymbol{\Omega}}{\mathrm{D}t} = \nu\Delta\boldsymbol{\Omega} \qquad (2\text{-}83)$$

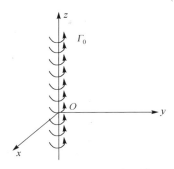

图 2-4　无限长的直涡线

对理想流体，$t = 0$ 时，$u_r = 0$，$u_z = 0$，$u_\theta = \dfrac{\Gamma_0}{2\pi r}$；由于流体无黏性，在 $t > 0$ 时，仍然是 $u_r = 0$，$u_z = 0$，$u_\theta = \dfrac{\Gamma_0}{2\pi r}$. 即在理想流体中，直涡线的强度保持不变，且不会向周围流体扩散，不需外加能量维持质点的定常圆周运动.

对黏性流体，涡旋将向周围的流体扩散，旋涡强度将衰减，其扩散特性可通过对式（2-83）的求解获得. 对图 2-4 所示的涡旋来说，$\Omega_x = \Omega_y = 0$，$\boldsymbol{\Omega} = \Omega_z \boldsymbol{k}$，在圆柱坐标下，式（2-83）中的迁移导数项

$$(\boldsymbol{v} \cdot \nabla)\boldsymbol{\Omega} = u_r \frac{\partial \boldsymbol{\Omega}}{\partial r} + \frac{u_\theta}{r}\frac{\partial \boldsymbol{\Omega}}{\partial \theta} + u_z \frac{\partial \boldsymbol{\Omega}}{\partial z} \qquad (2\text{-}84)$$

式（2-84）中，u_r、u_z 均为零，而沿圆周方向涡量变化为零，即 $\dfrac{\partial \boldsymbol{\Omega}}{\partial \theta} = 0$，所以式（2-83）成为

$$\frac{\partial \boldsymbol{\Omega}}{\partial t} = \nu\Delta\boldsymbol{\Omega} \qquad (2\text{-}85)$$

在极坐标下，式（2-85）成为

$$\frac{\partial \Omega}{\partial t} = \frac{\nu}{r}\frac{\partial}{\partial r}\left(r\frac{\partial \Omega}{\partial r}\right) \qquad (2\text{-}86)$$

初始条件为

$$t = 0，\quad r > 0，\quad \Omega = 0$$

边界条件为

$$t \geq 0，\quad r \to \infty，\quad \Omega = 0$$

解方程（2-86），得

$$\Omega = \frac{A}{t}\mathrm{e}^{-\frac{r^2}{4\nu t}} \qquad (2\text{-}87)$$

式中，A 为待定常数. 设在任一时刻半径为 r 的圆周上的速度环量为

$$\Gamma = \int_0^r \Omega 2\pi r \mathrm{d}r = \int_0^r \frac{A}{t} \mathrm{e}^{-\frac{r^2}{4vt}} \cdot 2\pi r \mathrm{d}r = 4\pi v A (1 - \mathrm{e}^{-\frac{r^2}{4vt}}) \tag{2-88}$$

$t = 0$ 时，$\Gamma = \Gamma_0$，解得

$$A = \frac{\Gamma_0}{4\pi v}$$

所以解得涡量分布为

$$\Omega = \frac{\Gamma_0}{4\pi vt} \mathrm{e}^{-\frac{r^2}{4vt}} \tag{2-89}$$

速度环量为

$$\Gamma = \Gamma_0 (1 - \mathrm{e}^{-\frac{r^2}{4vt}}) \tag{2-90}$$

速度分布为

$$V = \frac{\Gamma}{2\pi r} = \frac{\Gamma_0}{2\pi r} (1 - \mathrm{e}^{-\frac{r^2}{4vt}}) \tag{2-91}$$

图 2-5 和图 2-6 是根据式（2-89）和式（2-91）分别表示的涡量 Ω 随时间变化的图像和速度 V 随空间变化的图像.

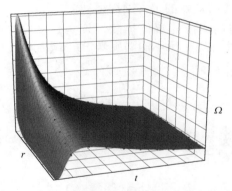

图 2-5　涡量 Ω 随时间 t 和与原点距离 r 的变化

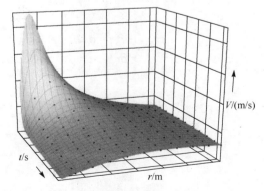

图 2-6　速度 V 随时间 t 和与原点距离 r 的变化

　　由图 2-5 可知，在初始时刻 $t=0$，流场中各处 $(r>0)$ 都是无旋的；而在 $t>0$ 后，整个空间都充满旋涡，且随 r 的增长单调下降. 对于空间某定点而言，涡旋先是增加，到达极值后开始下降，直至 $t\to\infty$ 时，$\Omega\to 0$.

　　由图 2-6 可知，随着时间 t 的增加，速度 V 越向远处延伸，但极值点的数值变小，所以这些都说明黏性流体中涡旋的扩散特性.

2.6.3　黏性流体运动能量的耗散性

　　对于黏性流体，流体运动时为克服黏性阻力必然要消耗部分能量，即有一部分机械能不可逆地转变为热能. 为此，能量方程中特标出了耗散函数 Φ.

$$\Phi = 2\mu\varepsilon_{ji}\varepsilon_{ji} + \lambda(\nabla\cdot V)^2 \tag{2-42}$$

由式（2-42）可知，耗散函数 Φ 由黏性应力的形变耗功和黏性膨胀时的耗功组成，若忽略第二黏性系数 μ' 的影响，令 $\lambda = -\dfrac{2}{3}\mu$，则式（2-42）可表示成

$$\Phi = 4\mu(\varepsilon_{12}^2 + \varepsilon_{23}^2 + \varepsilon_{31}^2) + \frac{2}{3}\mu[(\varepsilon_{11}-\varepsilon_{22})^2 + (\varepsilon_{22}-\varepsilon_{33})^2 + (\varepsilon_{33}-\varepsilon_{11})^2] \tag{2-43}$$

对式（2-43）表示的耗散与变形之间的关系，前文已讨论过，这里再强调一次. 对于黏性流体 $\mu \neq 0$，只要不是下列两种情形，总存在耗散：

　　（1）$\varepsilon_{ij}=0$，变形率为零，$\Phi=0$；

　　（2）$\varepsilon_{ij}=0(i\neq j)$，$\varepsilon_{ii}=\varepsilon_{jj}$，无剪切变形，仅有各向同性的线变形，$\Phi=0$.

所以，只要有剪切变形存在，或虽无剪切变形，但各向线变形不一致，就有机械能转化为热能的耗散存在.

第3章　特殊条件下的黏性流体运动方程解

定常不可压缩理想流体的无旋流动，$\boldsymbol{\omega} = 0$，即 $\dfrac{\partial w}{\partial y} = \dfrac{\partial v}{\partial z}$，$\dfrac{\partial u}{\partial z} = \dfrac{\partial w}{\partial x}$，$\dfrac{\partial u}{\partial y} = \dfrac{\partial v}{\partial x}$，可认为存在势函数 φ，使得 $u = \dfrac{\partial \varphi}{\partial x}$，$v = \dfrac{\partial \varphi}{\partial y}$，$w = \dfrac{\partial \varphi}{\partial z}$. 所以，定常不可压缩理想流体的无旋流动可以表示为 $\nabla \times (\nabla \varphi) = 0$. 另外，定常不可压缩流体的连续性方程为 $\dfrac{\partial u_i}{\partial x_i} = 0$，若用势函数 φ 表示，则为 $\nabla^2 \varphi = 0$，此即为 φ 的拉普拉斯方程. 所以，结合边界条件求解拉普拉斯方程，就可以得势函数 φ，对其求导就可得速度场，再利用欧拉方程或伯努利方程，就可求得压力场，从而完成对定常不可压缩理想流体的无旋流动的求解.

对黏性流体，因其是有旋流动，不存在势函数 φ，则上述方法不适用，只能通过对 Navier-Stokes 方程的求解，获得速度场. 虽然第 2 章已经证明了 Navier-Stokes 方程是封闭的，原则上可以根据定解条件获得任一具体问题的解，但由于 Navier-Stokes 方程是一个二阶非线性偏微分方程，而非线性偏微分方程的求解非常困难，至今尚未得到求解这类方程的普遍方法，所以对黏性流体运动方程的求解，目前还未找到求解的通用方法，一般根据具体问题，采用以下三类求解方法：①解析解；②近似解；③数值解.

值得指出的是，在黏性流体运动中，能得到解析解的流动形式非常有限. 绝大多数情况下的流动都要通过近似解或数值解求解. 本章讨论几种特殊条件下的黏性流体运动，在这几种特殊条件下，Navier-Stokes 方程可以得到简化，从而直接求解，得到解析解.

3.1　圆管内层流

3.1.1　圆管内层流流动的速度分布和流量表达式

不可压缩黏性流体在圆管内流动，当 $Re = \dfrac{Vd}{\nu} < 2000$ 时，为圆管内的层流流动. 由雷诺数的表达式可知，此时管径 d 较小，平均流速 V 较小，而运动黏度 ν 较大. 因此，在液压控制、石油运输、地下水渗流、血管内血液的流动等 Re 数较小的应用场合，都会遇到圆管内层流的问题.

由图 3-1 可知，此时流体仅沿 x 方向流动，若对图 3-1 表示的流动用圆柱坐标表示，则有 $u_\theta = u_r = 0$，$u_x = u(r)$，因而定常不可压缩黏性流体在圆管内流动时，其在圆柱坐标下的 Navier-Stokes 方程可简化成

$$\frac{1}{r}\frac{\mathrm{d}}{\mathrm{d}r}\left(r\frac{\mathrm{d}u}{\mathrm{d}r}\right) = \frac{1}{\mu}\frac{\mathrm{d}p}{\mathrm{d}x} \tag{3-1}$$

式（3-1）就是圆管内层流流动的常微分方程. 式中 μ 为流体动力黏度；$\dfrac{\mathrm{d}p}{\mathrm{d}x}$ 为压降梯度，均为常量. 边界条件为

$$r = R, \quad u = 0$$

$$r = 0, \quad \frac{\mathrm{d}u}{\mathrm{d}r} = 0$$

将式（3-1）对 r 积分，得

$$u = \frac{1}{\mu}\frac{\mathrm{d}p}{\mathrm{d}x}\frac{r^2}{4} + C_1 \ln r + C_2 \tag{3-2}$$

根据边界条件，得

$$C_1 = 0, \quad C_2 = -\frac{1}{\mu}\frac{\mathrm{d}p}{\mathrm{d}x}\frac{R^2}{4}$$

所以，速度分布为

$$u = -\frac{1}{4\mu}\frac{\mathrm{d}p}{\mathrm{d}x}(R^2 - r^2) \tag{3-3}$$

式（3-3）即为圆管内层流流动的速度分布表达式，它说明不可压缩黏性流体在圆管内做层流流动时，流速 u 在圆管的有效截面上呈轴对称的旋转抛物面分布，如图 3-1 中的速度剖面所示. 这种流动称为哈根-泊肃叶（Hagen-Poiseuille）流动.

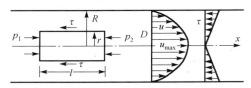

图 3-1　圆管内层流

在轴线 $r=0$ 处，取得最大流速

$$u_{\max} = -\frac{R^2}{4\mu}\frac{\mathrm{d}p}{\mathrm{d}x} \tag{3-4}$$

对速度分布表达式（3-3）沿圆管的有效截面积分，可得圆管体积流量的表达式为

$$Q = \int_A u\mathrm{d}A = -\frac{1}{4\mu}\frac{\mathrm{d}p}{\mathrm{d}x}\int_0^R (R^2 - r^2)2\pi r\mathrm{d}r$$

$$= \frac{\pi R^4}{8\mu}\left(-\frac{\mathrm{d}p}{\mathrm{d}x}\right) \tag{3-5}$$

式（3-5）称为哈根-泊肃叶（Hagen-Poiseuille）公式. 根据哈根-泊肃叶公式，可通过测量不可压缩黏性流体层流流过单位长度等直径管道的压降Δp 和流量 Q，求得流体的动力黏度 μ，由此发展了测量流体动力黏度的管流法.

将哈根-泊肃叶公式表示的流量 Q 除以流动的有效截面，可得管内的平均流速 V 为

$$V = \frac{Q}{A} = \frac{R^2}{8\mu}\left(-\frac{\mathrm{d}p}{\mathrm{d}x}\right) = \frac{u_{\max}}{2} \tag{3-6}$$

可见，对圆管内层流而言，若能测得轴线处的最大流速 $u_{\max}$，就可求得管内平均流速 $V = \frac{u_{\max}}{2}$，进而计算出流体流量 $Q = AV = \frac{\pi R^2 u_{\max}}{2}$.

3.1.2　圆管内层流流动的沿程阻力公式

根据牛顿内摩擦定律 $\tau = -\mu\frac{\mathrm{d}u}{\mathrm{d}r}$，对不可压缩黏性流体的圆管内层流流动，其速度分布为 $u = -\frac{1}{4\mu}\frac{\mathrm{d}p}{\mathrm{d}x}(R^2 - r^2)$，由此可求得不可压缩黏性流体做圆管内层流流动时的切应力表达式为

$$\tau = \frac{1}{2}\left(-\frac{\mathrm{d}p}{\mathrm{d}x}\right)r \tag{3-7}$$

式（3-7）显示切应力 τ 与半径 r 呈线性分布，如图 3-1 所示，呈 K 形，在轴线（$r = 0$）处，$\tau = 0$；在管壁（$r = R$）处，$\tau_{\mathrm{w}} = \frac{1}{2}\left(-\frac{\mathrm{d}p}{\mathrm{d}x}\right)R$，为最大.

根据哈根–泊肃叶公式还能求得不可压缩黏性流体做圆管内层流流动、流过长度为 l 的流程时，克服黏性阻力所产生的压降损失 Δp 为

$$\Delta p = \frac{8\mu l Q}{\pi R^4} \tag{3-8}$$

而单位重量流体的沿程阻力损失则为

$$h_{\mathrm{f}} = \frac{\Delta p}{\rho g} = \frac{8\mu l \pi R^2 V}{\rho g \pi R^4} = \frac{32\mu l V}{\rho g d^2}$$

$$= \frac{64\mu l V^2}{\rho V d d 2g} = \frac{64}{\mathrm{Re}}\frac{l}{d}\frac{V^2}{2g} \tag{3-9}$$

与达西公式 $h_{\mathrm{f}} = \lambda_1 \frac{l}{d}\frac{V^2}{2g}$ 对比，对圆管内层流，得沿程阻力系数

$$\lambda_1 = \frac{64}{\mathrm{Re}} \tag{3-10}$$

可见，不可压缩黏性流体管内层流流动的沿程阻力损失与平均流速的一次方成正比，沿程阻力系数 λ_1 仅与雷诺数有关，而与管道壁面粗糙度无关，这已为实验所证实.

3.1.3　入口段与充分发展的管内流动

以上分析是建立在流动为充分发展的管内层流流动的基础上的. 此时，管内任一处有效截面上的流体的速度剖面都相等，且服从抛物面分布，速度 u 仅随径向坐标 r 变化，而

不随轴向坐标 x 变化. 这样的速度分布并不是流体一进入圆管就能实现的, 而要经过一段所谓的入口段 (或起始段) 以后, 管内流动才进入充分发展的管内流动.

如图 3-2(a)所示, 假定不可压缩黏性流体从一个大容器中经圆弧形入口进入圆管, 在入口处的横截面上流速接近一致. 进入圆管后, 紧贴壁面的黏性流体受到壁面的阻滞, 速度为零, 而轴线处的主流还是以与入口流速基本接近的速度流动, 这样就形成一个流速从零变到主流流速的速度增长层. 这一速度增长层称为边界层 (有关边界层的特点在第 5 章详细讨论). 可以看到, 随着流体进入管内距离的增加, 边界层逐渐加厚, 而轴线附近均一流速的主流区范围逐渐减小, 当流体进入圆管一定距离后, 边界层增厚至轴线处相交, 使得其后的速度剖面处处相等, 即流动进入充分发展的管内层流流动, 速度分布服从抛物线分布. 从入口处到边界层交会形成充分发展的层流管流这一段称为管内流动的入口段 (或起始段). 实验表明, 层流起始段的长度 L_e 与管径 d 之比和 Re 数成正比, 即

$$\frac{L_e}{d} = 0.06Re \qquad (3\text{-}11)$$

若管道总长 $L \gg L_e$, 则入口段影响可忽略, 否则应计及入口段的影响. 一般而言, 入口段的沿程阻力系数要大于充分发展段的.

若管内流动是湍流, 如图 3-2(b)所示, 由于流体质点的横向脉动, 互相掺混, 使圆管入口段长度变短, 从管入口到边界层交会的湍流入口段长度 L_e 与管径 d 之比为

$$\frac{L_e}{d} = 25 \sim 40 \qquad (3\text{-}12)$$

入口段后为充分发展的管内湍流流动区, 本书将在后面证明该区域内流动呈指数分布.

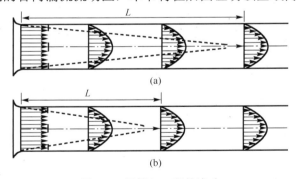

图 3-2　圆管入口段的流动

3.2　平板间的层流

3.2.1　平行平板间层流流动的微分方程和速度分布

研究不可压缩黏性流体在两平行平板间的层流流动具有较大的实用价值. 例如, 机床的工作台与导轨间存在间隙, 如果机件发生相对运动, 间隙内的润滑油就会流动, 这种流动就是不可压缩黏性流体在两平行平板间的层流流动.

下面应用不可压缩黏性流体的 Navier-Stokes 方程推导平行平板间层流流动的微分方程.

如图 3-3 所示，假设水平放置的上、下两平板，长 L，宽 M（垂直纸面方向）. 两板间距为 $2h$，上板以均速 U 沿 x 方向运动，下板固定不动. 两板之间充满不可压缩黏性流体，这些流体在 x 方向的压强差 $\Delta p = p_1 - p_2$ 和由上板运动引起的黏性力的共同作用下做定常层流流动.

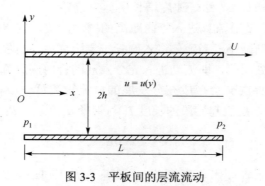

图 3-3　平板间的层流流动

如图 3-3 所示建立坐标系. 由于流动仅沿 x 向，$v = w = 0$，Navier-Stokes 方程只要考虑 x 向的运动方程

$$\rho \frac{\mathrm{D}u}{\mathrm{D}t} = \rho f_x - \frac{\partial p}{\partial x} + \mu \left(\frac{\partial^2 u}{\partial x^2} + \frac{\partial^2 u}{\partial y^2} + \frac{\partial^2 u}{\partial z^2} \right) \tag{3-13}$$

又因为运动是定常的，$\frac{\partial u}{\partial t} = 0$；流速 u 仅随 y 变化，即 $u = u(y)$，$\frac{\partial u}{\partial x} = 0, \frac{\partial u}{\partial z} = 0$，故 $\frac{\mathrm{D}u}{\mathrm{D}t} = 0$；质量力只是重力，$f_x = 0$，且 $\frac{\partial^2 u}{\partial y^2} = \frac{\mathrm{d}^2 u}{\mathrm{d}y^2}$，压强 p 只沿 x 方向变化，所以式（3-13）简化为

$$-\frac{\mathrm{d}p}{\mathrm{d}x} + \mu \frac{\mathrm{d}^2 u}{\mathrm{d}y^2} = 0 \tag{3-14}$$

边界条件为

$$y = h, \quad u = U; \quad y = -h, u = 0 \tag{3-15}$$

对式（3-14）积分得

$$u = \frac{1}{2\mu} \frac{\mathrm{d}p}{\mathrm{d}x} y^2 + C_1 y + C_2 \tag{3-16}$$

代入边界条件，可确定

$$C_1 = \frac{U}{2h}$$

$$C_2 = -\frac{1}{2\mu} \frac{\mathrm{d}p}{\mathrm{d}x} h^2 + \frac{U}{2}$$

由此得速度分布

$$u = -\frac{1}{2\mu}\frac{dp}{dx}(h^2 - y^2) + \frac{U}{2}\left(1 + \frac{y}{h}\right)$$

$$= \frac{1}{2\mu}\frac{\Delta p}{L}(h^2 - y^2) + \frac{U}{2}\left(1 + \frac{y}{h}\right) \tag{3-17}$$

3.2.2 泊肃叶流动与库埃特剪切流

若上板不动，则 $U = 0$，式（3-17）成为

$$u = \frac{1}{2\mu}\frac{\Delta p}{L}(h^2 - y^2) \tag{3-18}$$

由式（3-18）知，此时速度呈抛物线分布，在 $y = 0$ 处取得最大值

$$u_{max} = \frac{1}{2\mu}\frac{\Delta p}{L}h^2 \tag{3-19}$$

这种上、下两板均不运动，两平行平板间的黏性流体在压强梯度作用下的层流流动称为泊肃叶（Poiseuille）流动.

若两板间压强梯度为零，即 $\frac{dp}{dx} = 0$，式（3-17）成为

$$u = \frac{U}{2}\left(1 + \frac{y}{h}\right) \tag{3-20}$$

由式（3-20）知，此时速度随 y 呈线性分布，这种由上板运动带动而产生的流动称为库埃特（Couette）剪切流.

所以，不可压缩黏性流体在两平行平板间的定常层流流动可视为上述两种流动的简单叠加. 若令 $y^* = \frac{y}{h}$ 为量纲一坐标，$u^* = \frac{u}{U}$ 为量纲一速度，则两者之间的关系为

$$u^* = \frac{u}{U} = \frac{B}{2}(1 - y^{*2}) + \frac{1}{2}(1 + y^*) \tag{3-21}$$

式中

$$B = -\frac{h^2}{\mu U}\frac{dp}{dx} \tag{3-22}$$

为量纲一压力梯度.

根据式（3-21），可给出 B 为参变量，即不同压力梯度下的量纲一速度分布如图 3-4 所示. 由图可见，当 $B = 0$ 时，即没有压强差的作用，两平板间流体的速度分布是一条斜直线；当 $B > 0$ 即 $\frac{dp}{dx} < 0$ 时，也就是上游压强大于下游压强，两平板间流体的速度分布呈抛物线分布，且各处流速大于 $B = 0$ 时的流速. 这种情况称为正压强梯度流动. 反之 $B < 0$，即 $\frac{dp}{dx} > 0$，也就是下游压强大于上游压强，两平板间流体的速度则小于无压强梯度作用时的速度，当 $\frac{dp}{dx}$ 增大到一定程度，有可能使 $u^* < 0$，即出现回流（如图中虚线所示）. 对 $\frac{dp}{dx} > 0$ 作用下的流动，称为逆压强梯度流动.

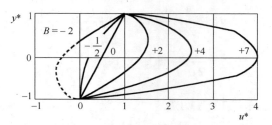

图 3-4　平板间层流流动的量纲为一的速度分布

将式（3-20）在 $-h$ 和 h 间积分，可得到在单位宽度平板间流过的流量

$$Q = \int_{-h}^{h} u\mathrm{d}y = -\frac{2}{3\mu}\frac{\mathrm{d}p}{\mathrm{d}x}h^3 + Uh \qquad (3\text{-}23)$$

对式（3-20）求导，则可得流体间切应力

$$\tau = \mu\frac{\mathrm{d}u}{\mathrm{d}y} = \frac{\mathrm{d}p}{\mathrm{d}x}y + \frac{\mu U}{2h} \qquad (3\text{-}24)$$

式（3-23）、式（3-24）中的 $\dfrac{\mathrm{d}p}{\mathrm{d}x}$ 在正压力梯度作用下均为负值，式（3-24）中 y 的取值范围为 $(-h, h)$．

例 3-1　一块与水平面成 θ 角的斜平板，在垂直图面的 z 方向为无限长．动力黏度为 μ 的液体在重力作用下沿平板做定常层流运动．假定液体层厚度为 h，上表面是大气压 p_a，如图 3-5 所示．试求流层内的压强和速度分布表达式以及 z 方向取单位长度的流量表达式．

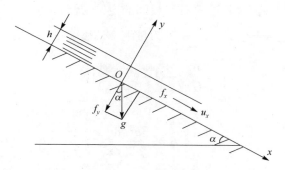

图 3-5　例 3-1 示意图

解　如图所示建坐标系，液体沿 x 方向单向流动．用 Navier-Stokes 方程和微元体受力分析两种方法求解此题．

（1）用 Navier-Stokes 方程求解．

对定常流动 $\dfrac{\partial}{\partial t} = 0$；$z$ 方向为无限长，则为二维流动；液体沿 x 方向单向流动，$v=w=0$，有关 v，w 的各阶导数也为零；质量力各分量分别为 $f_z = 0$，$f_x = g\sin\theta$，$f_y = -g\cos\theta$．Navier-Stokes 方程成为

$$\begin{cases} u\dfrac{\partial u}{\partial x}=f_x-\dfrac{1}{\rho}\dfrac{\partial p}{\partial x}+\nu\left(\dfrac{\partial^2 u}{\partial x^2}+\dfrac{\partial^2 u}{\partial y^2}\right) & (3\text{-}25) \\[3mm] 0=f_y-\dfrac{1}{\rho}\dfrac{\partial p}{\partial y} & (3\text{-}26) \\[3mm] 0=\dfrac{1}{\rho}\dfrac{\partial p}{\partial z} & (3\text{-}27) \end{cases}$$

由式（3-26）得

$$\frac{\partial p}{\partial y}+\rho g\cos\theta=0$$

积分得

$$p=-\rho g y\cos\theta+C_1$$

可见在流动的横截面上压强呈线性分布，当 $y=h$ 时，$p=p_a$ 为大气压强，而此压强分布沿 x 不变，故 $\dfrac{\partial p}{\partial x}=0$.

将边界条件 $y=h$，$p=p_a$ 代入上式得

$$C_1=p_a+\rho g h\cos\theta$$

故压强分布为

$$p=p_a+\rho g(h-y)\cos\theta \qquad (3\text{-}28)$$

因为

$$\frac{\partial v}{\partial y}=\frac{\partial w}{\partial z}=0$$

所以连续性方程成为 $\dfrac{\partial u}{\partial x}=0$，加上条件 $\dfrac{\partial p}{\partial x}=0$ 以及 $\dfrac{\partial^2 u}{\partial x^2}=0$，代入式（3-25）得

$$\frac{\mathrm{d}^2 u}{\mathrm{d}y^2}+\frac{\rho}{\mu}g\sin\theta=0 \qquad (3\text{-}29)$$

积分得

$$\frac{\mathrm{d}u}{\mathrm{d}y}=-\frac{\rho}{\mu}g y\sin\theta+C_2$$

对 y 再次积分得

$$u=-\frac{\rho g}{2\mu}y^2\sin\theta+C_2 y+C_3$$

$$y=0,\ u=0,\ 得\ C_3=0$$

$$y=h,\ \frac{\mathrm{d}u}{\mathrm{d}y}=0,\ 得\ C_2=\frac{\rho}{\mu}g h\sin\theta$$

所以速度分布为

$$u = -\frac{\rho g \sin\theta}{2\mu}(2hy - y^2) \qquad (3\text{-}30)$$

单位宽度流量为

$$Q = \int_0^h u\mathrm{d}y = \int_0^h \frac{\rho g \sin\theta}{2\mu}(2hy - y^2)\mathrm{d}y = \frac{\rho g h^3}{3\mu}\sin\theta \qquad (3\text{-}31)$$

（2）用微元体受力分析方法求解.

在流层内取一长为 $\mathrm{d}x$，深为 $\mathrm{d}y$ 的微元流体，则由 y 向力的平衡得

$$p\mathrm{d}x = \left(p + \frac{\mathrm{d}p}{\mathrm{d}y}\mathrm{d}y\right)\mathrm{d}x + \rho g \cos\theta \mathrm{d}x\mathrm{d}y$$

即

$$\frac{\mathrm{d}p}{\mathrm{d}y} + \rho g \cos\theta = 0 \qquad (3\text{-}32)$$

积分得

$$p + \rho g y \cos\theta = C_1$$

将边界条件 $y = h$，$p = p_a$，代入上式得

$$C_1 = p_a + \rho g h \cos\theta$$

故

$$p = p_a + \rho g (h - y)\cos\theta \qquad (3\text{-}33)$$

由 x 向力的平衡得

$$\left(\tau + \frac{\partial\tau}{\partial y}\mathrm{d}y\right)\mathrm{d}x + \rho g \sin\theta \mathrm{d}x\mathrm{d}y - \tau\mathrm{d}x = 0$$

即

$$\frac{\partial\tau}{\partial y} + \rho g \sin\theta = 0 \qquad (3\text{-}34)$$

因为

$$\tau = \mu\frac{\mathrm{d}u}{\mathrm{d}y}$$

所以式（3-34）成为

$$\mu\frac{\mathrm{d}^2 u}{\mathrm{d}y^2} + \rho g \sin\theta = 0 \qquad (3\text{-}35)$$

式（3-35）与式（3-29）形式完全一样，积分并代入边界条件，则能得到与式（3-30）一致的速度分布式和与式（3-31）一致的流量表达式.

3.3　同轴旋转圆筒间黏性流体的定常流动

如图 3-6 所示，半径分别为 r_1 和 r_2 的两同轴圆筒间充满黏性流体，两圆筒分别以角速度 ω_1 和 ω_2 旋转. 由于流体具有黏性，圆筒旋转将带动流体运动.

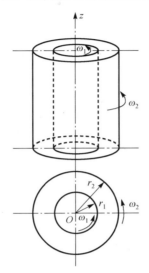

图 3-6　同轴旋转圆筒间黏性流体的定常流动

对于这种同轴旋转圆筒间黏性流体的定常流动，采用如图 3-6 所示的柱坐标系对其进行分析求解. 设 Oz 轴与圆筒轴线重合，圆筒很长，则垂直于 z 轴的任一平面内流体的运动都完全相同，即运动是二维的. 流域是一系列的同心圆. 同一流域上各点速度大小相等，即 $\dfrac{\partial u_\theta}{\partial \theta} = 0$，因而有

$$\begin{cases} u_r = u_z = 0 \\ u_\theta = u = u(r) \end{cases} \tag{3-36}$$

由于流体不是靠压差作用而是靠圆筒旋转带动的，故沿同一条流线压力不变，即在同一平面内压力只是半径的函数，$p = p(r)$，$\dfrac{\partial p}{\partial \theta} = 0$.

这样，同轴旋转圆筒间黏性流体的定常流动就可以用柱坐标系中的简化 Navier-Stokes 方程表示

$$\frac{u^2}{r} = \frac{1}{\rho} \frac{\mathrm{d}p}{\mathrm{d}r} \tag{3-37}$$

$$\frac{\mathrm{d}^2 u}{\mathrm{d}r^2} + \frac{1}{r} \frac{\mathrm{d}u}{\mathrm{d}r} - \frac{u}{r^2} = 0 \tag{3-38}$$

边界条件为

$$r = r_1, \quad u = r_1\omega_1 \tag{3-39}$$

$$r = r_2, \quad u = r_2\omega_2 \tag{3-40}$$

式（3-38）为欧拉型微分方程，其解的形式为

$$u = r^k \tag{3-41}$$

将式（3-41）代入式（3-38），可得

$$k(k-1) + k - 1 = 0$$

即

$$(k+1)(k-1) = 0 \tag{3-42}$$

由此可得 u 的两个特解

$$u_1 = r, \quad u_2 = \frac{1}{r} \tag{3-43}$$

于是，方程的通解为

$$u = Ar + \frac{B}{r} \tag{3-44}$$

根据边界条件（3-39）、（3-40），确定 A、B 为

$$A = \frac{\omega_2 r_2^2 - \omega_1 r_1^2}{r_2^2 - r_1^2} \tag{3-45}$$

$$B = \frac{\omega_1 r_1^2 r_2^2 - \omega_2 r_1^2 r_2^2}{r_2^2 - r_1^2} \tag{3-46}$$

将式（3-45）、式（3-46）代入式（3-44），得速度分布

$$u = \frac{(\omega_2 r_2^2 - \omega_1 r_1^2)r^2 + (\omega_1 - \omega_2)r_1^2 r_2^2}{r(r_2^2 - r_1^2)} \tag{3-47}$$

将式（3-47）代入式（3-37），得沿圆筒径向的压力分布

$$p(r) = \frac{\rho(\omega_2 r_2^2 - \omega_1 r_1^2)^2 r^2}{2(r_2^2 - r_1^2)^2} - \frac{\rho(\omega_1 - \omega_2)^2 r_1^4 r_2^4}{2(r_2^2 - r_1^2)^2 r^2} + \frac{2\rho(\omega_2 r_2^2 - \omega_1 r_1^2)(\omega_1 - \omega_2)r_1^2 r_2^2 \ln r}{(r_2^2 - r_1^2)^2} \tag{3-48}$$

根据切应力公式，同轴旋转圆筒间黏性流体的切应力可表示为

$$\tau_{r\theta} = \mu\left(\frac{\partial u}{\partial r} - \frac{u}{r}\right) \tag{3-49}$$

将式（3-47）代入式（3-49），得

$$\tau_{r\theta} = -\frac{2\mu(\omega_1 - \omega_2)r_1^2 r_2^2}{r^2(r_2^2 - r_1^2)} \tag{3-50}$$

在内外筒壁面上的切应力为

内筒表面 $(\tau_{r\theta})_{r=r_1} = -\dfrac{2\mu(\omega_1 - \omega_2)r_2^2}{(r_2^2 - r_1^2)}$ \qquad (3-51)

外筒表面 $(\tau_{r\theta})_{r=r_2} = +\dfrac{2\mu(\omega_1 - \omega_2)r_1^2}{(r_2^2 - r_1^2)}$ \qquad (3-52)

式（3-51）中的负号表示切应力的方向沿顺时针方向，式（3-52）中的正号表示切应力的方向沿逆时针方向. 单位高度内外圆筒壁面上由于流体作用产生的摩擦力矩分别为

$$M_1 = -\int_0^{2\pi} (\tau_{r\theta})_{r=r_1} r_1^2 \mathrm{d}\theta = \frac{4\pi\mu(\omega_1 - \omega_2)r_1^2 r_2^2}{r_2^2 - r_1^2} \tag{3-53}$$

$$M_2 = -\int_0^{2\pi} (\tau_{r\theta})_{r=r_2} r_2^2 \mathrm{d}\theta = -\frac{4\pi\mu(\omega_1 - \omega_2)r_1^2 r_2^2}{r_2^2 - r_1^2} \tag{3-54}$$

可见，两者大小相等，方向相反. 单位时间内单位高度的内外圆筒克服流体摩擦阻力所做的功为

$$
\begin{aligned}
W &= \omega_1 M_1 + \omega_2 M_2 \\
&= \frac{4\pi\mu(\omega_1 - \omega_2)^2 r_1^2 r_2^2}{r_2^2 - r_1^2}
\end{aligned} \tag{3-55}
$$

若内圆筒静止，仅外圆筒转动，则单位高度外圆筒作用于流体的力矩为

$$M_2 = \frac{4\pi\mu r_1^2 r_2^2 \omega_2}{r_2^2 - r_1^2} \tag{3-56}$$

若圆筒的内外半径 r_1、r_2 和旋转角速度 ω_2 已知，则可通过测得作用在外圆筒上的力矩 M_2 由式（3-56）求取流体的动力黏度 μ. 根据这一原理，已制成了测量流体动力黏度的圆筒测量仪.

若单个圆筒在无限大空间旋转（$r_2 \to \infty$，$\omega_2 = 0$），由式（3-47）得速度分布

$$u = \frac{r_1^2 \omega_1}{r} \tag{3-57}$$

流体作用在单位高度圆筒表面上的摩擦阻力矩为

$$M = -4\pi\mu r_1^2 \omega_1 \tag{3-58}$$

由式（3-57）可知，此时流场中的速度分布与理想流体中涡强 $\Gamma = 2\pi r_1^2 \omega_1$ 的直涡线诱导的速度场相同.

第4章 黏性流体绕固体物面的缓慢流动

第 3 章介绍了几种特殊条件下的黏性流体运动方程的解析解. 能得到解析解的条件很苛刻, 所以只有很少几种特殊条件下的黏性流体运动方程能得到解析解. 绝大部分黏性流体的运动要依靠近似解或数值解求解其运动方程. Navier-Stokes 方程中的各有关项, 主要可分为与惯性力有关的惯性项、与黏性力有关的黏性项、与质量力有关的质量力项和与压力有关的压力项. 在 "工程流体力学" 中已指出, Re 数是惯性力和黏性力的比值, 近似求解法就是通过 Re 数判断惯性力与黏性力的大小, 从而对 Navier-Stokes 方程作简化. Re 数很小, 就是惯性力远小于黏性力, 斯托克斯认为这时可忽略 Navier-Stokes 方程中的惯性项而使方程得以简化并求得近似解, 从而成功地解决了黏性流体绕小圆球的缓慢流动等黏性流体的流动问题. 这是一种非常有效的针对小 Re 数情况提出的黏性流体运动方程的近似求解方法. 对于 Re 数很大的情况, 则是第 5 章要讨论的边界层流动.

4.1 黏性流体绕小圆球的蠕流流动

4.1.1 斯托克斯阻力系数

研究黏性流体绕小圆球的蠕流流动具有实际意义. 从粉料的气力输送到除尘器中灰尘的沉积, 从煤粉在炉膛中的离析沉降到汽包中蒸汽的带水等, 无一不与固体微粒或液体细滴在黏性流体中的运动有关, 而研究黏性流体绕小圆球的蠕流流动就能解决这些问题.

当上面提到的这些固体微粒或液体细滴在黏性流体中运动时, 由于这些微粒的尺寸以及流体与微粒的相对运动速度都很小, 所以 Re 数小于 1, 故其惯性力远小于黏性力, 可以忽略; 又由于微粒的质量很小, 故质量力也可忽略. 若将这些微粒视为形状规整的小圆球, 并将坐标系固定在小圆球上, 则将微粒在静止黏性流体中的运动转换成来流速度为 U_∞ 的黏性流体绕静止小圆球的缓慢运动, 且流动成为定常的. 这样, Navier-Stokes 方程就简化成

$$\begin{cases} \dfrac{\partial p}{\partial x} = \mu \left(\dfrac{\partial^2 u}{\partial x^2} + \dfrac{\partial^2 u}{\partial y^2} + \dfrac{\partial^2 u}{\partial z^2} \right) \\[2mm] \dfrac{\partial p}{\partial y} = \mu \left(\dfrac{\partial^2 v}{\partial x^2} + \dfrac{\partial^2 v}{\partial y^2} + \dfrac{\partial^2 v}{\partial z^2} \right) \\[2mm] \dfrac{\partial p}{\partial z} = \mu \left(\dfrac{\partial^2 w}{\partial x^2} + \dfrac{\partial^2 w}{\partial y^2} + \dfrac{\partial^2 w}{\partial z^2} \right) \end{cases} \tag{4-1}$$

由于是流体绕小圆球的缓慢运动, 采用球坐标系求解更加简单. 如图 4-1 所示, 让 x 轴与来流方向一致, 坐标原点建在球心. 由于流动是轴对称的, 在球坐标系中所有流动参数均与坐标 φ 无关, 这样, 在球坐标下的 Navier-Stokes 方程 (4-1) 可简化成如下形式:

$$\begin{cases} \dfrac{\partial u_r}{\partial r} + \dfrac{2u_r}{r} + \dfrac{1}{r}\dfrac{\partial u_\theta}{\partial \theta} + \dfrac{u_\theta \cot\theta}{r} = 0 \\[3mm] \dfrac{\partial p}{\partial r} = \mu\left(\dfrac{\partial^2 u_r}{\partial r^2} + \dfrac{1}{r^2}\dfrac{\partial^2 u_r}{\partial \theta^2} + \dfrac{2}{r}\dfrac{\partial u_r}{\partial r} + \dfrac{\cot\theta}{r^2}\dfrac{\partial u_r}{\partial \theta} - \dfrac{2}{r^2}\dfrac{\partial u_\theta}{\partial \theta} - \dfrac{2u_r}{r^2} - \dfrac{2\cot\theta}{r^2}u_\theta \right) \\[3mm] \dfrac{1}{r}\dfrac{\partial p}{\partial \theta} = \mu\left(\dfrac{\partial^2 u_\theta}{\partial r^2} + \dfrac{1}{r^2}\dfrac{\partial^2 u_\theta}{\partial \theta^2} + \dfrac{2}{r}\dfrac{\partial u_\theta}{\partial r} + \dfrac{\cot\theta}{r^2}\dfrac{\partial u_\theta}{\partial \theta} + \dfrac{2}{r^2}\dfrac{\partial u_r}{\partial \theta} - \dfrac{u_\theta}{r^2\sin^2\theta} \right) \end{cases} \quad (4\text{-}2)$$

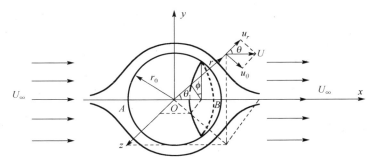

图 4-1　流体绕小球的缓慢流动

边界条件

$$\begin{cases} \text{在球面上} \quad r = r_0, \quad u_r = u_\theta = 0 \\ \text{无穷远处} \quad r \to \infty, \quad u_r = U_\infty\cos\theta, \quad u_\theta = -U_\infty\sin\theta \end{cases} \quad (4\text{-}3)$$

根据边界条件及方程的性质，可设方程（4-2）有以下形式的解：

$$\begin{cases} u_r = f_1(r)\cos\theta \\ u_\theta = -f_2(r)\sin\theta \\ p = \mu f_3(r)\cos\theta + p_0 \end{cases} \quad (4\text{-}4)$$

式中，p_0 为无穷远来流的压强. 将式（4-4）代入式（4-2），得

$$f_1' + \frac{2(f_1 - f_2)}{r} = 0 \quad (4\text{-}5)$$

$$f_3' = f_1'' + \frac{2}{r}f_1' - \frac{4(f_1 - f_2)}{r^2} \quad (4\text{-}6)$$

$$\frac{f_3}{r} = f_2'' + \frac{2}{r}f_2' + \frac{2(f_1 - f_2)}{r^2} \quad (4\text{-}7)$$

边界条件为

$$\begin{cases} f_1(r_0) = f_2(r_0) = 0 \\ f_1(\infty) = U_\infty, \quad f_2(\infty) = U_\infty \end{cases} \quad (4\text{-}8)$$

由式（4-5）得

$$f_2 = \frac{1}{2}rf_1' + f_1 \quad (4\text{-}9)$$

求式（4-9）对 r 的一阶导数和二阶导数，有

$$f_2' = \frac{1}{2}rf_1'' + \frac{3}{2}f_1' \tag{4-10}$$

$$f_2'' = \frac{1}{2}rf_1''' + 2f_1'' \tag{4-11}$$

由式（4-5）和式（4-7）求得

$$f_3 = \frac{1}{2}r^2 f_1''' + 3rf_1'' + 2f_1' \tag{4-12}$$

求式（4-12）对 r 的一阶导数，有

$$f_3' = \frac{1}{2}r^2 f_1^{(4)} + 4rf_1''' + 5f_1'' \tag{4-13}$$

将式（4-13）代入式（4-6），得

$$r^4 f_1^{(4)} + 8r^3 f_1''' + 8r^2 f_1'' - 8rf_1' = 0 \tag{4-14}$$

这是典型的欧拉方程，其特征方程为

$$k(k-2)(k+1)(k+3) = 0$$

特征根为 $k = -3, -1, 0, 2$. 由此可得

$$\begin{cases} f_1 = \dfrac{A}{r^3} + \dfrac{B}{r} + C + Dr^2 \\[2mm] f_2 = -\dfrac{A}{2r^3} + \dfrac{B}{2r} + C + 2Dr^2 \\[2mm] f_3 = \dfrac{B}{r^2} + 10Dr \end{cases} \tag{4-15}$$

根据边界条件式（4-8）可定出各个系数

$$A = \frac{1}{2}r_0^3 U_\infty, \quad B = -\frac{3}{2}r_0 U_\infty, \quad C = U_\infty, \quad D = 0$$

将各系数及函数 $f_1(r), f_2(r), f_3(r)$ 代入式（4-4），得速度分布及压强分布公式

$$\begin{cases} u_r = U_\infty \cos\theta \left(1 - \dfrac{3}{2}\dfrac{r_0}{r} + \dfrac{1}{2}\dfrac{r_0^3}{r^3} \right) \\[3mm] u_\theta = -U_\infty \sin\theta \left(1 - \dfrac{3}{4}\dfrac{r_0}{r} - \dfrac{1}{4}\dfrac{r_0^3}{r^3} \right) \\[3mm] p(r,\theta) = p_0 - \dfrac{3}{2}\mu \dfrac{U_\infty r_0}{r^2} \cos\theta \end{cases} \tag{4-16}$$

为计算流体对圆球的作用力，先确定圆球表面的正应力和切应力. 在球面上

$$u_r = u_\theta = 0$$

$$\frac{\partial u_r}{\partial r} = \frac{\partial u_r}{\partial \theta} = 0$$

在球坐标系中的正应力 τ_{rr} 和切应力 $\tau_{r\theta}$ 为

$$\begin{cases} (\tau_{rr})_{r=r_0} = -p + 2\mu\dfrac{\partial u_r}{\partial r} = -p = -p_0 + \dfrac{3}{2}\mu\dfrac{U_\infty}{r_0}\cos\theta \\[3mm] (\tau_{r\theta})_{r=r_0} = \mu\left(\dfrac{1}{r}\dfrac{\partial u_r}{\partial \theta} + \dfrac{\partial u_\theta}{\partial r} - \dfrac{u_\theta}{r}\right) = \mu\dfrac{\partial u_\theta}{\partial r} = -\dfrac{3}{2}\mu\dfrac{U_\infty}{r_0}\sin\theta \end{cases} \qquad (4\text{-}17)$$

将式（4-17）表示的球面上的正应力 τ_{rr} 和切应力 $\tau_{r\theta}$ 沿球面积分，就可求得流体作用在球面上的正应力和切应力的合力沿 x 方向的分量 F_{nx} 和 $F_{\tau x}$. 为此，如图 4-2 所示，在球面上取微分面积

$$\mathrm{d}A = 2\pi r_0 \sin\theta\, r_0 \mathrm{d}\theta$$

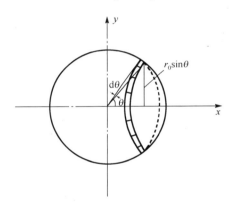

图 4-2　球面微分面积的选取

正应力作用在圆球上的合力在 x 方向的分量为

$$F_{nx} = \int_A (\tau_{rr})_{r=r_0}\cos\theta\,\mathrm{d}A$$

$$= \int_0^\pi \left(-p_0 + \frac{3}{2}\mu U_\infty\frac{\cos\theta}{r_0}\right)\cos\theta \cdot 2\pi r_0 \sin\theta\, r_0 \mathrm{d}\theta = 2\pi\mu r_0 U_\infty \qquad (4\text{-}18)$$

切应力的合力在 x 方向的分量为

$$F_{\tau x} = -\int_A (\tau_{r\theta})_{r=r_0}\sin\theta\,\mathrm{d}A$$

$$= -\int_0^\pi \left(-\frac{3}{2}\mu U_\infty\frac{\sin\theta}{r_0}\right)\sin\theta \cdot 2\pi r_0 \sin\theta\, r_0 \mathrm{d}\theta = 4\pi\mu r_0 U_\infty \qquad (4\text{-}19)$$

圆球所受总阻力为

$$F_D = F_{nx} + F_{\tau x} = 6\pi\mu r_0 U_\infty = 3\pi\mu d_0 U_\infty \qquad (4\text{-}20)$$

式（4-20）是斯托克斯在 1851 年导出的，称为圆球的斯托克斯阻力公式. 若用量纲一阻力系数表示，则有

$$C_D = \frac{F_D}{\frac{1}{2}\rho U_\infty^2 A} = \frac{6\pi\mu r_0 U_\infty}{\frac{1}{2}\rho U_\infty^2 \pi r_0^2} = \frac{24}{\dfrac{U_\infty d}{\nu}} = \frac{24}{Re} \tag{4-21}$$

4.1.2　奥森解及其修正

当 $Re < 1$ 时，由式（4-21）求得的阻力系数与实验结果符合得很好；但当 $Re > 1$ 时，就出现误差，其原因是斯托克斯解中完全忽略了流体的惯性力. 事实上，斯托克斯解只有在靠近圆球表面的流动区域内才是正确的，而在远离圆球的区域中惯性力并不比黏性力小. 考虑到这一原因，奥森（Oscen）对斯托克斯解作了一些修正. 奥森认为，当圆球的尺寸远小于流场的尺度时，圆球引起的流体速度变化很小. 因此，他假定

$$u = U_\infty + u_*, \quad v = v_*, \quad w = w_* \tag{4-22}$$

式中，U_∞ 为无穷远处来流速度，u_*, v_*, w_* 与 U_∞ 相比都是小量，则 Navier-Stokes 方程的惯性项可写成

$$\begin{cases} u\dfrac{\partial u}{\partial x} + v\dfrac{\partial u}{\partial y} + w\dfrac{\partial u}{\partial z} = (U_\infty + u_*)\dfrac{\partial u_*}{\partial x} + v_*\dfrac{\partial u_*}{\partial y} + w_*\dfrac{\partial u_*}{\partial z} \\[2mm] u\dfrac{\partial v}{\partial x} + v\dfrac{\partial v}{\partial y} + w\dfrac{\partial v}{\partial z} = (U_\infty + u_*)\dfrac{\partial v_*}{\partial x} + v_*\dfrac{\partial v_*}{\partial y} + w_*\dfrac{\partial v_*}{\partial z} \\[2mm] u\dfrac{\partial w}{\partial x} + v\dfrac{\partial w}{\partial y} + w\dfrac{\partial w}{\partial z} = (U_\infty + u_*)\dfrac{\partial w_*}{\partial x} + v_*\dfrac{\partial w_*}{\partial y} + w_*\dfrac{\partial w_*}{\partial z} \end{cases} \tag{4-23}$$

若用矢量形式，式（4-23）可表示为

$$(\boldsymbol{v} \cdot \nabla)\boldsymbol{v} = U_\infty \frac{\partial \boldsymbol{v}_*}{\partial x} + (\boldsymbol{v}_* \cdot \nabla)\boldsymbol{v}_* \tag{4-24}$$

式（4-24）等号右边第一项为线性项，第二项为非线性项，奥森认为，由于 u_*, v_*, w_* 与 U_∞ 相比都是小量，可略去 $(\boldsymbol{v}_* \cdot \nabla)\boldsymbol{v}_*$，仅保留 $U_\infty \dfrac{\partial \boldsymbol{v}_*}{\partial x}$. 对式（4-23）而言，可知等式右边仅需保留 $U_\infty \dfrac{\partial u_*}{\partial x}$，$U_\infty \dfrac{\partial v_*}{\partial x}$，$U_\infty \dfrac{\partial w_*}{\partial x}$ 三项，其他项都可略去；另一方面，由于 $\dfrac{\partial u}{\partial x} = \dfrac{\partial U_\infty}{\partial x} + \dfrac{\partial u_*}{\partial x} = \dfrac{\partial u_*}{\partial x}$，$v = v_*, w = w_*$，代入 Navier-Stokes 方程，得

$$\begin{cases} U_\infty\dfrac{\partial u}{\partial x} = -\dfrac{1}{\rho}\dfrac{\partial p}{\partial x} + \nu\left(\dfrac{\partial^2 u}{\partial x^2} + \dfrac{\partial^2 u}{\partial y^2} + \dfrac{\partial^2 u}{\partial z^2}\right) \\[3mm] U_\infty\dfrac{\partial v}{\partial x} = -\dfrac{1}{\rho}\dfrac{\partial p}{\partial x} + \nu\left(\dfrac{\partial^2 v}{\partial x^2} + \dfrac{\partial^2 v}{\partial y^2} + \dfrac{\partial^2 v}{\partial z^2}\right) \\[3mm] U_\infty\dfrac{\partial w}{\partial x} = -\dfrac{1}{\rho}\dfrac{\partial p}{\partial x} + \nu\left(\dfrac{\partial^2 w}{\partial x^2} + \dfrac{\partial^2 w}{\partial y^2} + \dfrac{\partial^2 w}{\partial z^2}\right) \end{cases} \tag{4-25}$$

奥森对式（4-25）作了详细求解，其解为

$$u_r = U_\infty \cos\theta + \frac{A_1 \cos\theta \exp[-k_1 r(1-\cos\theta)]}{k_1 r^2}$$

$$-\frac{A_0 \exp[-k_1 r(1-\cos\theta)]}{2k_1 r^2}[1+k_1 r(1+\cos\theta)] + \frac{2C_1 \cos\theta}{r^3} - \frac{C_0}{r^2} \qquad (4\text{-}26)$$

$$u_\theta = -U_\infty \sin\theta + \frac{A_1 \sin\theta \exp[-k_1 r(1-\cos\theta)]}{2k_1 r^3}$$

$$+\frac{A_0 \sin\theta}{2r} \exp[-k_1 r(1-\cos\theta)] + \frac{C_1 \sin\theta}{r^3} \qquad (4\text{-}27)$$

$$p = -p_0 + \frac{3}{2}\mu r_0 U_\infty \left(1 + \frac{3k_1 r_0}{4}\right)\frac{\cos\theta}{r^2} + \frac{5}{2}\frac{\rho r_0^3 U_\infty^2}{r^3}(3\cos^2\theta - 1) \qquad (4\text{-}28)$$

式中

$$k_1 = \frac{U_\infty}{2\nu}$$

$$A_0 = \frac{3U_\infty r_0}{2}\left(1 + \frac{3k_1 r_0}{4}\right)$$

$$A_1 = \frac{3}{2}k_1 r_0^3 U_\infty$$

$$C_0 = -\frac{3U_\infty r_0}{4k_1}\left(1 + \frac{3k_1 r_0}{4}\right)$$

$$C_1 = -\frac{1}{2}r_0^3 U_\infty$$

作用在圆球上的总阻力为

$$F_D = \int_A (\tau_{rr}\cos\theta + \tau_{r\theta}\sin\theta)\mathrm{d}A = 3\pi\mu d_0 U_\infty\left(1 + \frac{3}{16}\frac{U_\infty d_0}{\nu}\right) \qquad (4\text{-}29)$$

由奥森解得到的量纲一阻力系数为

$$C_D = \frac{24}{Re}\left(1 + \frac{3}{16}Re\right) \qquad (4\text{-}30)$$

在 Re 数为 $0\sim 10^3$ 范围内，怀特（White）通过实验得到的阻力系数的经验公式为

$$C_D = \frac{24}{Re} + \frac{6}{\sqrt{Re}} + 0.4 \qquad (4\text{-}31)$$

图 4-3 为斯托克斯解、奥森解与怀特给出的经验公式的比较. 从对问题分析的深入程度考虑，奥森解要比斯托克斯解更精确，但从图 4-3 可以看到，与实验结果相比，奥森解并无明显的改进. 怀特通过实验所得到的圆球阻力系数刚好位于斯托克斯解和奥森解之间.

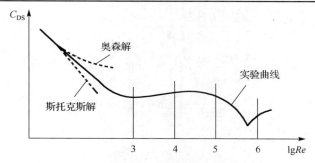

图 4-3　两种解与实验结果的比较

奥森解虽然没有提高计算的精度，但奥森的假定拓宽了近似解应用的范围，使得按奥森解求得的流场分布与斯托克斯解相比，不仅在贴近小圆球附近，而且在较远处也能与实验比较接近. 图 4-4(a)为按斯托克斯解得到的圆球在静止流体中以匀速 U_∞ 运动时的流场，可见流线前后对称，没有尾迹，这与实际结果不相符合. 图 4-4(b)为按奥森解得到的流场，此时流线前后不再对称，圆球后面产生尾迹，这与实际一致.

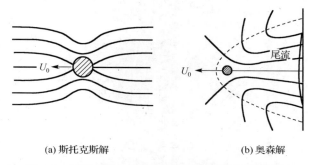

(a) 斯托克斯解　　　　　　　　　　(b) 奥森解

图 4-4　圆球在静止流体中以匀速 U_∞ 运动时的流场

奥森解不仅使解得的流场更贴近实际，而且其解题的方法为后人继续开展研究提供了一条思路. 例如，陈景尧（1975 年）详细研究了奥森的求解过程，认为奥森就是通过分析略去了二阶小量 $(\boldsymbol{v}_* \cdot \nabla)\boldsymbol{v}_*$，消除了非线性惯性项，将 Navier-Stokes 方程简化成奥森方程（4-25），从而使直接求解成为可能. 但也正是这一化简，造成了误差. 所以可将奥森解作为 Navier-Stokes 方程的一级近似解，用不断补充与迭代修正 $(\boldsymbol{v}_* \cdot \nabla)\boldsymbol{v}_*$ 的办法减小误差，依次求出逐级近似解.

其求解的基本过程如下：将奥森方程和连续性方程改写为

$$U_\infty \frac{\partial \boldsymbol{v}_1}{\partial x} = -\frac{1}{\rho} \nabla p_1 + \nu \Delta \boldsymbol{v}_1 \tag{4-32}$$

$$\nabla \cdot \boldsymbol{v}_1 = 0 \tag{4-33}$$

式中，$\boldsymbol{v}_1$ 和 Navier-Stokes 方程中 $\boldsymbol{v}$ 的关系为

$$\boldsymbol{v} = U_\infty \boldsymbol{i} + \boldsymbol{v}_1 \tag{4-34}$$

其中，$\boldsymbol{i}$ 为 x 轴方向的单位矢量. 由于在此时

$$\frac{\partial \boldsymbol{v}_1}{\partial x} = \frac{\partial \boldsymbol{v}}{\partial x}, \quad \Delta \boldsymbol{v}_1 = \Delta \boldsymbol{v}$$

故式（4-32）与式（4-25）表达的物理本质是一致的，因此解出的 $\boldsymbol{v}_1$ 和 p_1 为一级近似值. 此后，用已解得的 $\boldsymbol{v}_1$ 构成 $(\boldsymbol{v}_1 \cdot \nabla)\boldsymbol{v}_1$ 代替 Navier-Stokes 方程中的非线性惯性项，得到二次逼近的方程组

$$\boldsymbol{v}_1 \cdot \nabla \boldsymbol{v}_1 + U_\infty \frac{\partial \boldsymbol{v}_2}{\partial x} = -\frac{1}{\rho}\nabla p_2 + \nu\Delta \boldsymbol{v}_2 \tag{4-35}$$
$$\nabla \cdot \boldsymbol{v}_2 = 0$$

式中，$\boldsymbol{v}_1 \cdot \nabla \boldsymbol{v}_1$ 由已解得的一级近似值 $\boldsymbol{v}_1$ 构成. 这样式（4-35）仍为线性偏微分方程. 可以解出未知量 $\boldsymbol{v}_2$ 和 p_2，得二级近似值，再用近似解 $\boldsymbol{v}_2$ 构成 $(\boldsymbol{v}_2 \cdot \nabla)\boldsymbol{v}_2$，代替 Navier-Stokes 方程中的非线性惯性项，得到三次逼近的方程组

$$\boldsymbol{v}_2 \cdot \nabla \boldsymbol{v}_2 + U_\infty \frac{\partial \boldsymbol{v}_3}{\partial x} = -\frac{1}{\rho}\nabla p_3 + \nu\Delta \boldsymbol{v}_3 \tag{4-36}$$
$$\nabla \cdot \boldsymbol{v}_3 = 0$$

解出的未知量 $\boldsymbol{v}_3$ 和 p_3，即为三级近似值.

通过以上迭代方法，最后解得，对绕流固体小圆球

$$C_D = 1 + \frac{1}{8}Re + \frac{9}{40}Re^2\left(\ln Re + \nu\frac{3}{5}\ln 2 - \frac{323}{360}\right) + \frac{27}{80}Re^2\ln Re + \cdots \tag{4-37}$$

该阻力系数公式可在 $0 \leqslant Re \leqslant 6$ 范围内与实验结果很好吻合.

4.2　颗粒在静止流体中的自由沉降

本章开始时提到的煤粉、灰尘的沉降都与这些颗粒在运动中受到周围流体对它的阻力有关. 为此，我们利用上面导出的斯托克斯阻力系数来研究这些颗粒在静止流体中的沉降. 为简单起见，先假定这些颗粒是直径为 d 的圆球，再考察一个直径为 d 的圆球从静止开始在静止流体中的自由降落过程. 在降落过程中，由于重力的作用，下降速度不断增大，圆球受到的流体阻力也不断增大. 当圆球所受的重力 W 与作用在圆球上的流体的浮力 F_B、流体的阻力 F_D 相等时，圆球将在流体中以等速 U_f 自由沉降. U_f 就称为圆球的自由沉降速度. 对直径为 d 的圆球，其所受的重力 $W = \frac{1}{6}\pi d^3\rho_s g$，流体的浮力 $F_B = \frac{1}{6}\pi d^3\rho g$，流体的阻力 $F_D = C_D\frac{1}{4}\pi d^2 \cdot \frac{1}{2}\rho U_f^2$，当重力的作用和浮力、阻力的作用相平衡时，有

$$\frac{1}{6}\pi d^3\rho_s g = \frac{1}{6}\pi d^3\rho g + C_D\frac{1}{4}\pi d^2\frac{1}{2}\rho U_f^2 \tag{4-38}$$

由此求得自由沉降速度

$$U_f = \sqrt{\frac{4gd(\rho_s - \rho)}{3C_D\rho}} \tag{4-39}$$

式中，ρ_s 为固体圆球的密度；ρ 为流体的密度；C_D 则为流体阻力系数，将随 Re 数的变化而变化. 因此，颗粒的自由沉降速度 U_f 可分下列三种情况考虑：

（1）当 $Re \leqslant 1$ 时，符合斯托克斯阻力公式的条件，$C_D = \dfrac{24}{Re}$，代入式（4-39），得

$$U_f = \frac{1}{18} \frac{g}{\nu} \frac{\rho_s - \rho}{\rho} d^2 \tag{4-40}$$

（2）当 $1 < Re \leqslant 1000$ 时，圆球的阻力系数可用修正的怀特经验公式计算

$$C_D = \frac{24}{Re} + \frac{6}{\sqrt{Re}} + 0.4 \tag{4-31}$$

代入式（4-39）得

$$0.4 U_f^2 + 6\sqrt{\frac{\nu U_f^3}{d}} + \frac{24\nu}{d} U_f - \frac{4}{3} gd \frac{\rho_s - \rho}{\rho} = 0 \tag{4-41}$$

（3）当 $1000 < Re \leqslant 2 \times 10^5$ 时，圆球的阻力系数趋近于常数 $C_D = 0.48$，代入式（4-39）得

$$U_f = \sqrt{2.8 gd \frac{\rho_s - \rho}{\rho}} \tag{4-42}$$

圆球在气体中沉降时，由于气体的密度 ρ 比圆球的密度 ρ_s 小得多，故式（4-40）～式（4-42）中分子上的（$\rho_s - \rho$）都可近似地用 ρ_s 代替.

若垂直上升的流体速度 U 与圆球的自由沉降速度 U_f 相等，则圆球的绝对速度 $U_a = U - U_f = 0$，圆球悬浮在流体中静止不动；而当流体的上升速度大于圆球的自由沉降速度时，圆球将被流体带走. 因此，在垂直管道中作粉料的气力提升输送时，气流的流速应大于颗粒的自由沉降速度.

例 4-1　鼓泡流化床锅炉是在炉排上加一层劣质细煤颗粒，从炉排下部鼓风，使炉排上的细煤颗粒在悬浮状态下燃烧. 假设细煤粒径为 d=1.2mm 的球体，密度 $\rho_s = 2250 \text{kg} / \text{m}^3$. 悬浮燃烧层的温度 $t = 1000℃$，此时烟气的运动黏度 $\nu = 1.67 \times 10^{-6} \text{m}^2 / \text{s}$，而烟气在 0℃时的密度为 $\rho_0 = 1.34 \text{kg} / \text{m}^3$. 试问烟气速度应为多少才能使颗粒处于悬浮状态？

解　根据状态方程，计算在 $t = 1000℃$ 时的烟气密度

$$\rho = \frac{\rho_0 T_0}{T} = \frac{1.34 \times (273 + 0)}{273 + 1000} \approx 0.287 (\text{kg} / \text{m}^3)$$

要使细煤处在悬浮状态，则应使烟气速度 U 恰好与煤粒的自由沉降速度 U_f 相等.

假定　$Re \leqslant 1$，$C_D = \dfrac{24}{Re}$，得

$$U_f = \frac{1}{18} \frac{g}{\nu} \frac{\rho_s - \rho}{\rho} d^2 = \frac{9.8(2250 - 0.287)}{18 \times 1.67 \times 10^{-6} \times 0.287} \times (1.5 \times 10^{-3})^2 = 3680 (\text{m} / \text{s})$$

校验

$$Re = \frac{U_f d}{\nu} = \frac{3680 \times 1.2 \times 10^{-3}}{1.67 \times 10^{-6}} = 2.64 \times 10^6$$

可见所选 Re 数范围不对，重新假定 $Re = 10^3 \sim 2 \times 10^5, C_D = 0.48$，得

$$U_f = \sqrt{\frac{2.8gd(\rho_s - \rho)}{\rho}} = \sqrt{\frac{2.8 \times 9.8 \times 1.2 \times 10^{-3}(2250 - 0.287)}{0.287}} = 16.1(\mathrm{m/s})$$

校验

$$Re = \frac{U_f d}{\nu} = \frac{16.1 \times 1.2 \times 10^{-3}}{1.67 \times 10^{-6}} = 1.15 \times 10^4$$

与假定相符. 故应使烟气速度为 16.1m/s 才能使细煤粒悬浮.

4.3　流　体　润　滑

流体润滑是各类转动机械中广泛应用的润滑轴承的理论基础，其核心内容就是不平行平板间不可压缩黏性流体的层流流动. 润滑轴承分为水平滑动轴承（图 4-5(a)）和径向滑动轴承（图 4-5(b)）. 由于径向滑动轴承的曲表面可以通过保角变换展成平面，从而将水平滑动轴承的求解结果应用于径向滑动轴承. 故为简单计，下面只讨论水平滑动轴承楔形间隙中不可压缩黏性流体定常流动时的总压力（即承载能力）和切向摩擦阻力. 求解结果表明，轴承间隙中的承载能力远大于摩擦阻力.

$$\rho\left(\frac{\partial u}{\partial t} + u\frac{\partial u}{\partial x} + v\frac{\partial u}{\partial y} + w\frac{\partial u}{\partial z}\right) = \rho f_x - \frac{\partial p}{\partial x} + \mu\left(\frac{\partial^2 u}{\partial x^2} + \frac{\partial^2 u}{\partial y^2} + \frac{\partial^2 u}{\partial z^2}\right) \tag{4-43}$$

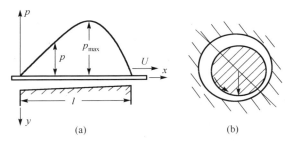

图 4-5　水平滑动轴承和径向滑动轴承示意图

如图 4-6 所示，假定上、下两板在垂直纸面方向足够宽，可忽略端部影响，下板水平放置，上板稍有倾斜，长度为 L，两板间距 $h = h(x)$ 是 x 的函数，下板以速度 U 沿 x 方向匀速运动. 这相当于讨论不平行平板间不可压缩黏性流体沿 x 方向的流动，故仍可仅考虑 Navier-Stokes 方程的 x 分量：

对所讨论的流动问题，流动是定常的，$\dfrac{\partial u}{\partial t} = 0$，质量力是重力，$f_x = 0$；垂直纸面方向板很宽，无流体运动，忽略端部效应，$w = 0$，$\dfrac{\partial^2 u}{\partial z^2} = 0$；$y$ 向距离较 x 向距离小得多，故 y 向分速度 $v \ll u$，且 $\dfrac{\partial^2 u}{\partial x^2} \ll \dfrac{\partial^2 u}{\partial y^2}$，可忽略；而运动方程中惯性力与黏性力的比值为

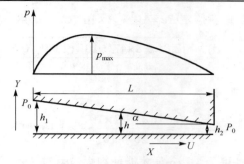

图 4-6　两不平行平板间黏性流体的流动

$$\frac{\rho u \dfrac{\partial u}{\partial x}}{\mu \dfrac{\partial^2 u}{\partial y^2}} \sim \frac{\dfrac{\rho U^2}{L}}{\dfrac{\mu U}{h^2}} = \frac{\rho U L}{\mu}\left(\frac{h}{L}\right)^2 = Re\left(\frac{h}{L}\right)^2 \tag{4-44}$$

对于轴承内流体的运动，Re 很小，$h \ll L$，所以在轴承润滑理论中，相对于黏性力项，惯性力项可以忽略. 另外，压强 p 仅随 x 变化，速度 u 仅随 y 变化. 根据上述分析，式（4-43）可简化为

$$\frac{\mathrm{d}p}{\mathrm{d}x} = \mu \frac{\mathrm{d}^2 u}{\mathrm{d}y^2} \tag{4-45}$$

边界条件

$$y = 0, u = U; \quad y = h, u = 0 \tag{4-46}$$

$$x = 0, p = p_0; \quad x = L, p = p_0 \tag{4-47}$$

将式（4-45）对 y 积分两次，代入边界条件式（4-46），可得速度分布

$$u = U\left(1 - \frac{y}{h}\right) - \frac{\mathrm{d}p}{\mathrm{d}x}\frac{h^2}{2\mu}\frac{y}{h}\left(1 - \frac{y}{h}\right) \tag{4-48}$$

式中，h 为任一 x 处两平板间的距离，为 x 的函数. 设

$$h = h_1 + \alpha x \tag{4-49}$$

式中，h_1 为起始端，即 $x=0$ 处两平板间的距离；α 为斜率.

根据连续性条件，单位宽度的流量

$$Q = \int_0^{h(x)} u\,\mathrm{d}y = 常数 \tag{4-50}$$

将式（4-48）代入式（4-50），求得

$$Q = \frac{Uh}{2} - \frac{h^3}{12\mu}\frac{\mathrm{d}p}{\mathrm{d}x} \tag{4-51}$$

即

$$\frac{\mathrm{d}p}{\mathrm{d}x} = 12\mu\left(\frac{U}{2h^2} - \frac{Q}{h^3}\right) \tag{4-52}$$

积分式（4-52）得楔形间隙内流体的压强分布为

$$p = p_0 + 6\mu U \int_0^x \frac{\mathrm{d}x}{h^2} - 12\mu Q \int_0^x \frac{\mathrm{d}x}{h^3} \tag{4-53}$$

根据边界条件 $x = L$ 时，$p = p_0$，得

$$Q = \frac{U}{2} \frac{\int_0^L \frac{\mathrm{d}x}{h^2}}{\int_0^L \frac{\mathrm{d}x}{h^3}} \tag{4-54}$$

根据几何条件式（4-49），$h = h_1 + \alpha x$ 及 $h_2 = h_1 + \alpha L$，积分式（4-53）和式（4-54），得流量

$$Q = \frac{h_1 h_2}{h_1 + h_2} U \tag{4-55}$$

压强分布

$$p = p_0 + \frac{6\mu U L}{h_1^2 - h_2^2} \frac{(h_1 - h)(h - h_2)}{h^2} \tag{4-56}$$

由（4-56）知，当 U 为正值时，液膜中具有过余压强 $p - p_0$，此时，具有承载能力的必要条件是 $h_1 > h_2$. 只有这样，楔形间隙中的流体才能在下板运动时受到挤压而产生承载力，而 $h = h_1 = h_2$（两平板平行）时则不会产生承载力. 积分式（4-56），可得轴承的承载力

$$P_t = \int_0^L (p - p_0)\mathrm{d}x = \frac{1}{\alpha} \int_{h_1}^{h_2} (p - p_0)\mathrm{d}h$$

$$= \frac{6\mu U L^2}{(k_1 - 1)^2 h_2^2} \left[\ln k_1 - \frac{2(k_1 - 1)}{k_1 + 1} \right] \tag{4-57}$$

式（4-57）中，$k_1 = h_1 / h_2$. 作用在运动平板上的摩擦阻力为

$$F = -\int_0^L \mu \left(\frac{\mathrm{d}u}{\mathrm{d}y} \right)_{y=0} \mathrm{d}x = \frac{\mu U L}{(k_1 - 1)h_2} \left[4\ln k_1 - \frac{6(k_1 - 1)}{k_1 + 1} \right] \tag{4-58}$$

由式（4-57）知，P_t 是 k_1 的函数，可求得当 $k_1 \approx 2.2$ 时，P_t 取得最大值，为

$$P_{t,\max} \approx 0.16 \frac{\mu U L^2}{h_2^2} \tag{4-59}$$

而此时的摩擦阻力为

$$F \approx 0.75 \frac{\mu U L}{h_2} \tag{4-60}$$

可求得此时两者之比为

$$\frac{P_{t,\max}}{F} \approx 0.21 \frac{L}{h_2} \tag{4-61}$$

由于 $h_2 \ll L$，所以摩擦阻力远小于轴承的承载力. 这就是流体润滑的最基本结论.

第 5 章　边界层层流流动及其相似性解

第 4 章讨论了 Re 数很小时的近似解，此时可忽略 Navier-Stokes 方程中的惯性项，求解成功的例子有黏性流体绕小圆球的流动等. 本章将讨论大 Re 数下的 Navier-Stokes 方程的近似解. 在大 Re 数情况下，惯性项的影响比黏性项大很多，是否可以仿照第 4 章，将黏性项忽略呢？回答是否定的. 因为，无论 Re 数怎样大，无黏性流体运动方程的解一般都不满足壁面无滑移条件. 那么，如何简化大 Re 数情况下的 Navier-Stokes 方程呢？这个问题一直到 20 世纪初普朗特（Prandtl）提出边界层理论后才得以解决.

5.1　边界层流动的基本概念与基本特征

　　边界层又称附面层，这一概念是普朗特于 1904 年在德国举行的第三届国际数学家大会上首次提出的. 他认为，在大 Re 数下，对于如水和空气等黏度较小的流体绕流固体时，黏性的影响仅限于紧贴物面的薄层中，薄层之外黏性可以不考虑. 普朗特把这一薄层称为边界层. 在对边界层作仔细研究后，普朗特通过数量级比较，对 Navier-Stokes 方程作了重大简化，提出了著名的普朗特边界层微分方程. 1908 年，他的学生布拉修斯成功地用边界层方程求解了平板纵向绕流问题，得到了与实验一致的计算结果. 从此，边界层理论成为流体力学中的一个重要领域，得到迅速发展. 普朗特的这一贡献具有划时代意义，极大地开拓了黏性流体力学解决实际问题的领域——在此之前，由于 Navier-Stokes 方程不易求解，除了一些特殊情况，黏性流体力学很难与实际结合. 另外，也充分肯定了研究理想流体的实际意义——在势流区完全可以采用理想流体理论加以研究. 所以说，普朗特的边界层理论是流体力学发展史上的一个重要里程碑.

　　普朗特的边界层概念完全可以通过实验得到证实. 用微型测速管测量机翼周围的速度分布，就可以发现边界层的存在，如图 5-1 所示. 此时，整个流场可以分为三个区域：（Ⅰ）边界层，（Ⅱ）尾流区，（Ⅲ）外部势流.

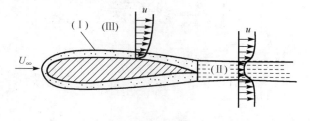

（Ⅰ）边界层　（Ⅱ）尾流区　（Ⅲ）外部势流

图 5-1　绕流机翼的流场结构

在边界层内，流速由物面上的零值迅速增加到与来流速度 U_∞ 同数量级的值. 因此，边界层很薄，通常边界层厚度仅为机翼弦长的几百分之一；沿物面法向的速度梯度 $\dfrac{\partial u}{\partial y}$ 很大，即使是黏度较小的流体，所反映的黏性力也与惯性力处于同一数量级，因而不能忽略. 此外，由于速度梯度 $\dfrac{\partial u}{\partial y}$ 很大，比 $\dfrac{\partial v}{\partial x}$ 大几个数量级，涡量为

$$\varOmega = \left(\frac{\partial v}{\partial x} - \frac{\partial u}{\partial y} \right) \neq 0 \tag{5-1}$$

故边界层内是黏性流体的有旋流动.

当边界层内的黏性有旋流体离开物体进入下游时，在物体后面形成尾流. 在这个区域中，随着流体远离物体，原有的涡旋将逐渐扩散和衰减，速度分布渐趋均匀，直至在下游较远处尾流完全消失.

边界层和尾流区以外区域的流动，由于速度梯度很小，即使是黏度较大的流体，其黏性力的影响也是很小的，可以忽略. 另外，由于这一区域速度梯度很小，涡量 $\varOmega \to 0$，流动是无旋的，故边界层和尾流区以外的流场可以视为理想流体的无旋流动，无旋即有势，所以简称为外部势流.

边界层内的流动，可以是层流，也可以是湍流. 判断层流和湍流的准则还是 Re 数. Re 数中表征几何定型尺寸的量在这里是离开物体前缘点的距离 x，特征速度是势流速度 U_e，即

$$Re_x = \frac{U_e x}{\nu} \tag{5-2}$$

对平板边界层，层流转变为湍流的临界 Re 数为 $Re_x = 3 \times 10^5 \sim 10^6$. 全部边界层内都是层流的，称为层流边界层，仅在边界层的起始部分是层流，而在其他部分为湍流的，称为混合边界层.

综上所述，边界层的基本特征为：

（1）与物体的特征长度 L 相比，边界层的厚度 δ 很小，即 $\dfrac{\delta}{L} \ll 1$；

（2）边界层内沿物面法向的速度变化剧烈，速度梯度 $\dfrac{\partial u}{\partial y}$ 很大；

（3）边界层内黏性力和惯性力为同一数量级；

（4）边界层沿流动方向逐渐增厚；

（5）边界层内是黏性流体的有旋流动，也分为层流和湍流两种流态，用 Re_x 数判别.

5.2　边界层的各种厚度

5.2.1　边界层的名义厚度 δ

5.1 节已经指出，当黏性流体绕物体流动时，速度由物面上的零值增加到外部势流速度 U_e. 这个过程是一个渐近过程，在边界层和外部势流间没有明显的分界线（或分界面）.

所谓边界层的外边界或者说边界层的名义厚度δ，是按一定条件人为规定的．定义为：当边界层内速度达到外部势流速度的 99%时，从物面到该处的垂直距离为边界层的名义厚度δ，简称为边界层厚度．随着流体从物体的前缘沿物面流向下游，该厚度一般是逐渐增加的．若以物体的前缘点为坐标原点，物面边界为 x 轴，物面的外法线方向为 y 轴，则可设 $\delta = \delta(x)$，即边界层厚度是 x 的函数．

　　根据边界层厚度的定义，要确定δ的值，必须精确了解边界层内速度 u 的分布．一般来说很难做到．因此，在实际计算中，常采用一些更确切的边界层厚度，如排挤厚度、动量损失厚度．

5.2.2　排挤厚度（位移厚度）δ^*

　　如图 5-2 所示，以 $x=0$ 处和 $x=x_1$ 处平行于 y 轴的直线为前后边界，以外部势流中的某一流线为上边界，物面为下边界，建立控制体，如图中虚线所示．由于没有质量穿过流线流进、流出，在定常情况下，由质量守恒定律可假定，由前边界流入的流体质量将全部从后边界流出，即

$$\int_0^Y \rho u \mathrm{d}y - \int_0^{H_b} \rho u \mathrm{d}y = 0 \tag{5-3}$$

式中积分上限 H_b 和 Y 分别在控制体上边界与前后边界的交界处，位于势流中的某一处．对不可压缩流体，有

$$\rho U_e H_b = \rho \int_0^Y u \mathrm{d}y = \rho \int_0^Y (U_e - U_e + u) \mathrm{d}y$$

$$= \rho U_e Y - \rho \int_0^Y (U_e - u) \mathrm{d}y \tag{5-4}$$

所以

$$\rho U_e (Y - H_b) = \rho \int_0^Y (U_e - u) \mathrm{d}y \tag{5-5}$$

令 $Y - H_b = \delta^*$，则

$$\rho U_e \delta^* = \rho \int_0^Y (U_e - u) \mathrm{d}y \tag{5-6}$$

即

$$\delta^* = \int_0^Y \left(1 - \frac{u}{U_e}\right) \mathrm{d}y \tag{5-7}$$

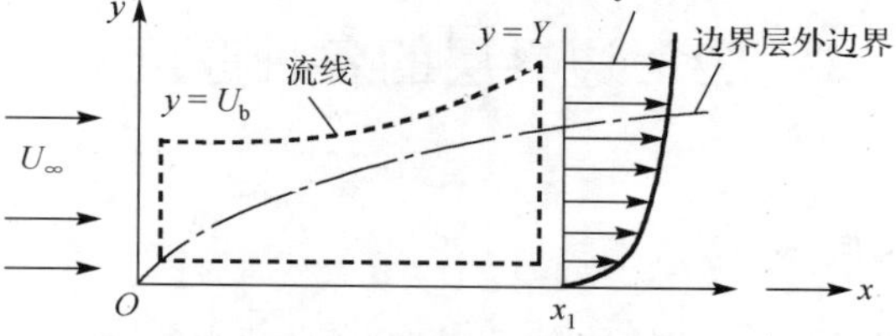

图 5-2　沿薄平板的层流边界层

δ^* 就是排挤厚度，或称为位移厚度. 排挤厚度的称呼很形象，因为 δ^* 的物理意义可以这样来理解：由于黏性的影响，贴壁处流体减速，为了满足连续性方程，流道就得扩张，流线就要向外偏移. 从 $x=0$ 处的 $y = H_b$ 外偏到 $x=x_1$ 处的 $y = H_b + \delta^*$，向外位移了 δ^* 的距离. 因而，δ^* 称为排挤厚度或位移厚度. δ^* 是 x 的函数，即 $\delta^* = \delta^*(x)$.

5.2.3　动量损失厚度 θ

把动量守恒定律应用于图 5-2 所示的控制体. 由于沿平板纵向压力不变，在 x 方向的合力就是阻力，即控制体所受的阻力等于控制体动量的减少

$$\sum F_x = -D_f = \int_0^Y u(\rho u \mathrm{d}y) - \int_0^{H_b} U_e (\rho U_e \mathrm{d}y) \tag{5-8}$$

对不可压缩流体，式（5-8）成为

$$D_f = \rho \int_0^{H_b} U_e^2 \mathrm{d}y - \rho \int_0^Y u^2 \mathrm{d}y$$

$$= \rho U_e^2 H_b - \rho \int_0^Y u^2 \mathrm{d}y \tag{5-9}$$

由式（5-4），

$$\rho U_e H_b = \int_0^Y \rho u \mathrm{d}y$$

$$H_b = \int_0^Y \frac{u}{U_e} \mathrm{d}y$$

$$D_f = \rho U_e^2 \int_0^Y \frac{u}{U_e} \left(1 - \frac{u}{U_e} \right) \mathrm{d}y \tag{5-10}$$

如令动量损失为 $\rho U_e^2 \theta$，则

$$D_f = \rho U_e^2 \theta \tag{5-11}$$

即摩擦阻力与动量损失相平衡.

结合式（5-10）、式（5-11），可设

$$\theta = \int_0^Y \frac{u}{U_e} \left(1 - \frac{u}{U_e} \right) \mathrm{d}y \tag{5-12}$$

θ 的物理意义为：由于边界层的存在，损失了厚度为 θ 的理想流体的动量.

5.2.4　δ，δ^*，θ 的图解

图 5-3 列出了 δ，δ^* 和 θ 的图解，从图可知 $\delta > \delta^* > \theta$. 令 δ^* 与 θ 的比值为 H，称为形状因子. 即

$$H = \frac{\delta^*}{\theta} \tag{5-13}$$

可见 H 恒大于 1.

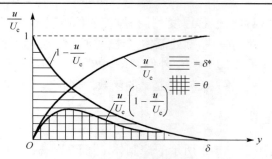

图 5-3　排挤厚度和动量损失厚度

5.3　边界层微分方程

根据在 5.1 中所述的 5 条边界层基本特征，普朗特通过数量级比较，对 Navier-Stokes 方程作了重大简化，提出了著名的普朗特边界层微分方程. 为简单起见，将讨论限定为流体沿平壁面做定常二维流动，且壁面与 x 轴重合的情况，如图 5-4 所示. 假定边界层内的流动都是层流，忽略质量力，则二维定常不可压缩黏性流体的 Navier-Stokes 方程和连续性方程为

$$
\begin{cases}
u\dfrac{\partial u}{\partial x} + v\dfrac{\partial u}{\partial y} = -\dfrac{1}{\rho}\dfrac{\partial p}{\partial x} + \nu\left[\dfrac{\partial^2 u}{\partial x^2} + \dfrac{\partial^2 u}{\partial y^2}\right] \\[2mm]
u\dfrac{\partial v}{\partial x} + v\dfrac{\partial v}{\partial y} = -\dfrac{1}{\rho}\dfrac{\partial p}{\partial y} + \nu\left[\dfrac{\partial^2 v}{\partial x^2} + \dfrac{\partial^2 v}{\partial y^2}\right] \\[2mm]
\dfrac{\partial u}{\partial x} + \dfrac{\partial v}{\partial y} = 0
\end{cases}
\tag{5-14}
$$

边界条件为

$$
\begin{cases}
y = 0, & u = v = 0 \\
y_0 = \delta, & u = U_e
\end{cases}
$$

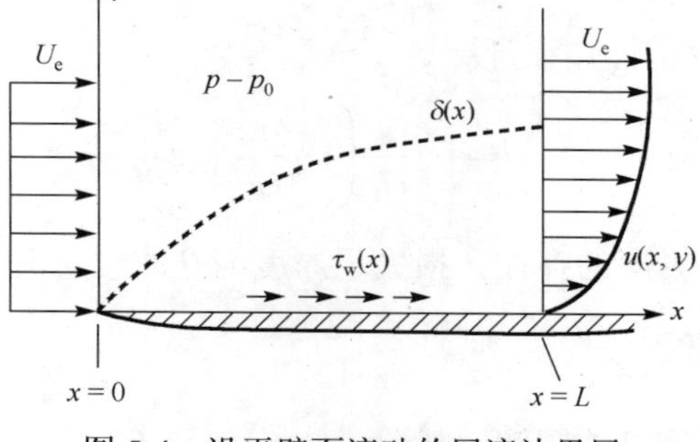

图 5-4　沿平壁面流动的层流边界层

对方程（5-14）中第一式、第二式各项分别乘 $\left(\dfrac{L}{U_e^2}\right)$，第三式各项乘 $\left(\dfrac{L}{U_e}\right)$，则可将方程（5-14）写成量纲一量的表达形式

$$\begin{cases} \left(\dfrac{u}{U_e}\right)\dfrac{\partial\left(\dfrac{u}{U_e}\right)}{\partial\left(\dfrac{x}{L}\right)}+\left(\dfrac{v}{U_e}\right)\dfrac{\partial\left(\dfrac{u}{U_e}\right)}{\partial\left(\dfrac{y}{L}\right)}=-\dfrac{\partial\left(\dfrac{p}{\rho U_e^2}\right)}{\partial\left(\dfrac{x}{L}\right)}+\left(\dfrac{v}{U_e L}\right)\left[\dfrac{\partial^2\left(\dfrac{u}{U_e}\right)}{\partial\left(\dfrac{x}{L}\right)^2}+\dfrac{\partial^2\left(\dfrac{u}{U_e}\right)}{\partial\left(\dfrac{y}{L}\right)^2}\right] \\[4mm] \left(\dfrac{u}{U_e}\right)\dfrac{\partial\left(\dfrac{v}{U_e}\right)}{\partial\left(\dfrac{x}{L}\right)}+\left(\dfrac{v}{U_e}\right)\dfrac{\partial\left(\dfrac{v}{U_e}\right)}{\partial\left(\dfrac{y}{L}\right)}=-\dfrac{\partial\left(\dfrac{p}{\rho U_e^2}\right)}{\partial\left(\dfrac{y}{L}\right)}+\left(\dfrac{v}{U_e L}\right)\left[\dfrac{\partial^2\left(\dfrac{v}{U_e}\right)}{\partial\left(\dfrac{x}{L}\right)^2}+\dfrac{\partial^2\left(\dfrac{v}{U_e}\right)}{\partial\left(\dfrac{y}{L}\right)^2}\right] \\[4mm] \dfrac{\partial\left(\dfrac{u}{U_e}\right)}{\partial\left(\dfrac{x}{L}\right)}+\dfrac{\partial\left(\dfrac{u}{U_e}\right)}{\partial\left(\dfrac{y}{L}\right)}=0 \end{cases} \quad (5\text{-}15)$$

令

$$x^*=\frac{x}{L},\quad y^*=\frac{y}{L},\quad u^*=\frac{u}{U_e},\quad v^*=\frac{v}{U_e},\quad p^*=\frac{p}{\rho U_e^2}$$

则式（5-15）成为

$$\begin{cases} u^*\dfrac{\partial u^*}{\partial x^*}+v^*\dfrac{\partial u^*}{\partial y^*}=-\dfrac{\partial p^*}{\partial x^*}+\dfrac{1}{Re_L}\left(\dfrac{\partial^2 u^*}{\partial x^{*2}}+\dfrac{\partial^2 u^*}{\partial y^{*2}}\right) \\[3mm] u^*\dfrac{\partial v^*}{\partial x^*}+v^*\dfrac{\partial v^*}{\partial y^*}=-\dfrac{\partial p^*}{\partial y^*}+\dfrac{1}{Re_L}\left(\dfrac{\partial^2 v^*}{\partial x^{*2}}+\dfrac{\partial^2 v^*}{\partial y^{*2}}\right) \\[3mm] \dfrac{\partial u^*}{\partial x^*}+\dfrac{\partial v^*}{\partial y^*}=0 \end{cases} \quad (5\text{-}16)$$

根据边界层的基本特征（1），边界层的厚度 δ 远小于平板的长度 L，即 $\delta/L\ll1$，y 的数值限制在边界层内，且满足不等式 $0\leqslant y\leqslant\delta$，可见 y 与 δ 同数量级，即 $y\sim\delta$，而 y 与 L 相比，则为小量 δ^*，即 $y/L\sim\delta^*$．另外，x 被限制在板长 L 范围内，即 $0\leqslant x\leqslant L$，所以 x 与 L 同数量级，即 $x\sim L$．在边界层内，速度 u 从壁面处零值增加到边界层外边界上的 U_e，即 $0\leqslant u\leqslant U_e$，故 u 与势流速度 U_e 具有相同的数量级，即 $u\sim U_e$．因此，x^*,u^* 具有 1 的数量级，y^* 具有 δ^* 的数量级，由此可得式（5-16）中一些相关项的数量级．

$$\frac{\partial u^*}{\partial x^*}\sim1,\quad \frac{\partial^2 u^*}{\partial x^{*2}}\sim1,\quad \frac{\partial u^*}{\partial y^*}\sim\frac{1}{\delta^*},\quad \frac{\partial^2 u^*}{\partial y^{*2}}\sim\frac{1}{\delta^{*2}}$$

而由连续性方程

$$\frac{\partial u^*}{\partial x^*}=-\frac{\partial v^*}{\partial y^*}\sim1$$

所以 $v^*\sim\delta^*$，由此又得到下列各项的数量级

$$\frac{\partial v^*}{\partial x^*}\sim\delta^*,\quad \frac{\partial^2 v^*}{\partial x^{*2}}\sim\delta^*,\quad \frac{\partial v^*}{\partial y^*}\sim1,\quad \frac{\partial^2 v^*}{\partial y^{*2}}\sim\frac{1}{\delta^*}$$

将上述各项的数量级列在式（5-16）相应项下面，则有

$$\begin{cases} u^*\dfrac{\partial u^*}{\partial x^*}+v^*\dfrac{\partial u^*}{\partial y^*}=-\dfrac{\partial p^*}{\partial x^*}+\dfrac{1}{Re_L}\left(\dfrac{\partial^2 u^*}{\partial x^{*2}}+\dfrac{\partial^2 u^*}{\partial y^{*2}}\right) \\ \qquad 1\cdot 1 \qquad\quad \delta^*\cdot\dfrac{1}{\delta^*} \qquad\qquad\quad 1 \qquad\qquad \dfrac{1}{\delta^{*2}} \\[2mm] u^*\dfrac{\partial v^*}{\partial x^*}+v^*\dfrac{\partial v^*}{\partial y^*}=-\dfrac{\partial p^*}{\partial y^*}+\dfrac{1}{Re_L}\left(\dfrac{\partial^2 v^*}{\partial x^{*2}}+\dfrac{\partial^2 v^*}{\partial y^{*2}}\right) \\ \qquad 1\cdot\delta^* \qquad\quad \delta^*\cdot 1 \qquad\qquad\qquad \delta^* \qquad\quad \dfrac{1}{\delta^*} \\[2mm] \dfrac{\partial u^*}{\partial x^*}+\dfrac{\partial v^*}{\partial y^*}=0 \\ \quad 1 \qquad\quad 1 \end{cases} \qquad (5\text{-}17)$$

下面对式（5-17）中各项的数量级作分析比较，以简化这一方程. 首先比较式（5-17）中惯性项的数量级，可知第一式中的惯性项 $u^*\dfrac{\partial u^*}{\partial x^*}$ 和 $v^*\dfrac{\partial u^*}{\partial y^*}$ 具有相同的数量级 1，而第二式中的惯性项 $u^*\dfrac{\partial v^*}{\partial x^*}$ 和 $v^*\dfrac{\partial v^*}{\partial y^*}$ 则具有另一相同的数量级 δ^*，两两比较，第二式中各惯性项被忽略掉. 其次，比较各黏性项的数量级，第一式中的 $\dfrac{\partial^2 u^*}{\partial x^{*2}}$ 是 1 的数量级，而 $\dfrac{\partial^2 u^*}{\partial y^{*2}}$ 为 $\dfrac{1}{\delta^{*2}}$ 的数量级，故 $\dfrac{\partial^2 u^*}{\partial x^{*2}}$ 被略去；而第二式中的 $\dfrac{\partial^2 v^*}{\partial x^{*2}}$ 为 δ^* 的数量级，$\dfrac{\partial^2 v^*}{\partial y^{*2}}$ 为 $\dfrac{1}{\delta^*}$ 的数量级，与第一式中 $\dfrac{\partial^2 u^*}{\partial y^{*2}}$ 的数量级 $\dfrac{1}{\delta^{*2}}$ 比较均可略去. 于是式（5-17）中黏性项仅剩下 $\dfrac{\partial^2 u^*}{\partial y^{*2}}$ 一项.

根据边界层的基本特征（3），边界层内惯性项与黏性项具有相同的数量级，由式（5-17）可知，必须让 $\dfrac{1}{Re_L}$ 具有 δ^{*2} 的数量级才能满足. 由于 δ^* 是小量，故 Re_L 数必然是一个大量，所以只有在大 Re_L 数下才能满足边界层的基本要求，从而使 Navier-Stokes 方程得以简化.

由于要反映流动中压强的影响，压强项不能随便忽略，故假定式（5-17）第一式中的压强项 $\dfrac{\partial p^*}{\partial x^*}$ 与惯性力、黏性力同数量级. 而对式（5-17）中的第二式，则由于惯性项与黏性项已分别略去，则可认为压强项 $\dfrac{\partial p^*}{\partial y^*}\to 0$，写成有量纲形式为

$$\frac{\partial p}{\partial y}=0 \qquad\qquad (5\text{-}18)$$

这样就得到了边界层的基本特征（6）：沿物面法线方向，边界层内的压强是不变的，且等于边界层外边界上势流的压强. 这也说明 p 只是 x 的函数，即 $p=p(x)$，因此 $\dfrac{\partial p}{\partial x}=\dfrac{\mathrm{d}p}{\mathrm{d}x}$. 所以经过数量级比较，简化得到的普朗特边界层方程为

$$\begin{cases} u\dfrac{\partial u}{\partial x} + v\dfrac{\partial u}{\partial y} = -\dfrac{1}{\rho}\dfrac{\partial p}{\partial x} + v\dfrac{\partial^2 u}{\partial y^2} \\[2mm] \dfrac{\partial p}{\partial y} = 0 \\[2mm] \dfrac{\partial u}{\partial x} + \dfrac{\partial v}{\partial y} = 0 \end{cases} \tag{5-19}$$

边界条件为

$$y = 0, \quad u = v = 0$$
$$y_0 = \delta, \quad u = U_e$$

根据理想流体势流流动的伯努利方程

$$\frac{p}{\rho} + \frac{1}{2}U_e^2 = 常数$$

得

$$-\frac{1}{\rho}\frac{\mathrm{d}p}{\mathrm{d}x} = U_e \frac{\mathrm{d}U_e}{\mathrm{d}x} \tag{5-20a}$$

而根据牛顿切应力公式

$$\tau = \mu\frac{\partial u}{\partial y}$$

故

$$v\frac{\partial^2 u}{\partial y^2} = \frac{1}{\rho}\frac{\partial \tau}{\partial y} \tag{5-20b}$$

因此普朗特边界层方程还可简化为

$$\begin{cases} u\dfrac{\partial u}{\partial x} + v\dfrac{\partial u}{\partial y} = U_e \dfrac{\mathrm{d}U_e}{\mathrm{d}x} + \dfrac{1}{\rho}\dfrac{\partial \tau}{\partial y} \\[2mm] \dfrac{\partial u}{\partial x} + \dfrac{\partial v}{\partial y} = 0 \end{cases} \tag{5-20c}$$

5.4　绕曲面流动和边界层的分离

5.4.1　绕曲面流动边界层的分离

5.3 节讨论的不可压缩黏性流体绕平板的流动，其特点之一是边界层外势流的流速保持 U_∞ 不变，使整个势流区和边界层内的压强都处处相同. 而当黏性流体绕曲面流动时，情况就不一样了. 由于此时边界层外势流的流速 U_e 沿曲面要发生变化，势流区和边界层内的压强也沿曲面发生变化，最后将导致一种新的物理现象——边界层分离的出现.

下面通过对一种特殊曲面——圆柱体外黏性流体绕流边界层内压强变化、速度变化的分析，来观察边界层的分离是怎样产生的.

　　如图 5-5 所示，黏性流体绕圆柱体流动，由普朗特边界层理论，绕流圆柱体的流体将分为边界层区和势流区两部分，对势流区内的流动，可将其视为理想流体的流动．因此，当流体从 O 点流至 M 点时，流速增加，压强下降，即降压加速；而从 M 点至 F 点，则流速降低，压强上升，即升压减速．由于边界层内的压强分布与边界层外势流区相同，故边界层内从 O 点至 M 点，也是压强下降，即 $\dfrac{\mathrm{d}p}{\mathrm{d}x}<0$，这种下游压强低于上游压强的压强分布有利于流动的进行，故将 $\dfrac{\mathrm{d}p}{\mathrm{d}x}<0$ 的流动称为顺压强梯度的流动；而从 M 点至 F 点，则是压强升高，即 $\dfrac{\mathrm{d}p}{\mathrm{d}x}>0$，这种下游压强高于上游压强的压强分布不利于流体流动，故将 $\dfrac{\mathrm{d}p}{\mathrm{d}x}>0$ 的流动称为逆压强梯度的流动．由于边界层内的流动阻力消耗能量，F 点的压强低于 O 点的压强．

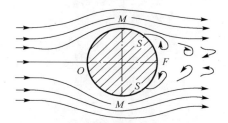

图 5-5　黏性流体绕圆柱体的流动

　　根据普朗特边界层方程，在物面上（$y=0$，$u=v=0$）有

$$\left(\frac{\partial^2 u}{\partial y^2}\right)_{y=0}=\frac{1}{\mu}\frac{\mathrm{d}p}{\mathrm{d}x} \tag{5-21}$$

可见，在物面上，速度梯度 $\dfrac{\partial u}{\partial y}$ 的变化率由 $\dfrac{\mathrm{d}p}{\mathrm{d}x}$ 决定．

　　在 OM 段，为顺压强梯度流动，$\dfrac{\mathrm{d}p}{\mathrm{d}x}<0$，所以在物面上 $\left(\dfrac{\partial^2 u}{\partial y^2}\right)_{y=0}<0$，表示从物面起，随着 y 的增加，$\dfrac{\partial u}{\partial y}$ 不断减小，故速度剖面在物面附近向下游凸出；另外，在接近边界层外缘时，随着 y 的增加，$\dfrac{\partial u}{\partial y}$ 也在不断减小，变化趋势与物面附近相同，最后当 $y\to\delta$ 时，$\dfrac{\partial u}{\partial y}\to 0$，所以在整个边界层内 $\dfrac{\partial^2 u}{\partial y^2}<0$，$\dfrac{\partial u}{\partial y}$ 一直在减小，边界层内的速度剖面是一条没有拐点的向下游凸起的光滑曲线，如图 5-6(a)所示．

　　在 MF 段，为逆压强梯度流动，$\dfrac{\mathrm{d}p}{\mathrm{d}x}>0$，所以在物面上 $\left(\dfrac{\partial^2 u}{\partial y^2}\right)_{y=0}>0$，表示从物面起，随着 y 增加，$\dfrac{\partial u}{\partial y}$ 不断增加，故速度剖面在物面附近向下游内凹；而在接近边界层外缘时，

随着 y 增加，$\dfrac{\partial u}{\partial y}$ 不断减小，最后当 $y \to \delta$ 时，$\dfrac{\partial u}{\partial y} \to 0$，所以在边界层外缘 $\dfrac{\partial^2 u}{\partial y^2} < 0$，故在边界层外缘速度剖面向下游凸出. 因此，在 $0 \leqslant y \leqslant \delta$ 的范围内，$\dfrac{\partial^2 u}{\partial y^2}$ 由大于零逐渐变为小于零，中间必存在 $\dfrac{\partial^2 u}{\partial y^2} = 0$ 的点，该点在数学上称为拐点，如图 5-6(b) 中的 P 点. 另外，在拐点处，$\dfrac{\partial u}{\partial y}$ 取最大值，因为在拐点以下 $\dfrac{\partial u}{\partial y}$ 随 y 不断增加，速度剖面内凹，而在拐点以上，$\dfrac{\partial u}{\partial y}$ 随 y 不断降低，速度剖面外凸.

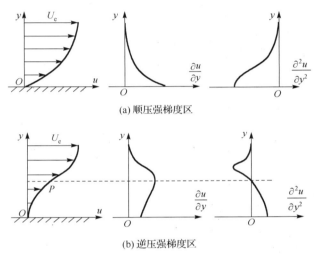

(a) 顺压强梯度区

(b) 逆压强梯度区

图 5-6　边界层内速度分布及其变化

这些绕流圆柱体边界层的特点为一般绕流曲面的边界层所共有，而且拐点离开物面的距离随着 x 的增加而变化. 如图 5-7 所示，在势流取得最大速度的 M 点，$\dfrac{\mathrm{d}p}{\mathrm{d}x} = 0$，根据式（5-21），$\left(\dfrac{\partial^2 u}{\partial y^2} \right)_{y=0} = 0$，故此时拐点位置在物面上，即 $y = 0$ 处. 在 M 点后，随着 x 的增加，$\dfrac{\mathrm{d}p}{\mathrm{d}x} > 0$ 的程度越甚，使物面上 $\left(\dfrac{\partial^2 u}{\partial y^2} \right)_{y=0} > 0$ 的程度也越甚，故速度剖面内凹程度越严重；而在边界层外缘处，总有 $\left(\dfrac{\partial^2 u}{\partial y^2} \right)_{y=0} < 0$，即速度剖面在此附近总是外凸. 这就导致拐点位置从 M 点的 $y = 0$，越往后越向上移，速度剖面越来越瘦削. 其结果是，物面上的速度梯度 $\left(\dfrac{\partial u}{\partial y} \right)_{y=0}$ 随着 x 增加不断降低，逐渐由 $\left(\dfrac{\partial u}{\partial y} \right)_{y=0} > 0$ 降到 S 点处的 $\left(\dfrac{\partial u}{\partial y} \right)_{y=0} = 0$，再往下游，$\left(\dfrac{\partial u}{\partial y} \right)_{y=0}$

继续降低，成为 $\left(\dfrac{\partial u}{\partial y}\right)_{y=0} < 0$．由黏性流体的壁面无滑移条件，在物面上，即 $y=0$ 时，

$u=0$，现在由于逆压强梯度流动的影响，$\left(\dfrac{\partial u}{\partial y}\right)_{y=0} < 0$，表明从物面起，随着 y 增加，u 将

不断变小，$y=0$ 时，u 已经为零，再不断变小，只能为负．即这部分流体向主流的反方向运动．这些反向运动流体的出现就称为边界层的分离．而开始出现分离运动的 S 点则称为分离点．

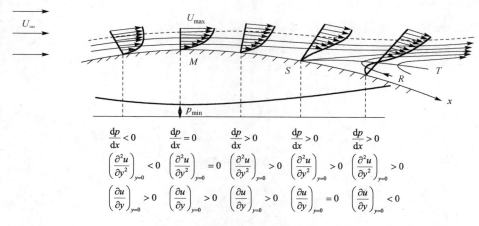

图 5-7　边界层分离的形成过程

如图 5-7 所示，在物面与曲线 ST 之间的区域内，速度 u 为负值，使流体反向流动，而曲线 ST 上各点的流速 $u=0$，在曲线 ST 以上，u 及 $\dfrac{\partial u}{\partial y}$ 大于零．所以，曲线 ST 以下为分离区．在 S 点，物面附近的流体停滞不前，下游的流体在逆压强梯度的作用下倒流过来，又在来流的冲击下顺流回去．这样就在分离点附近形成明显的大漩涡，像楔子一样将边界层和物面分离开来．

5.4.2　边界层分离的原因和后果

由上述分析可见，造成边界层分离的原因是，逆压强梯度 $\left(\dfrac{\mathrm{d}p}{\mathrm{d}x} > 0\right)$ 作用和物面黏性滞止效应的共同影响，使物面附近的流体不断减速，最终由于惯性力不能克服上述阻力而停滞，且在逆压强梯度的作用下出现倒流，边界层开始脱离物面．

对顺压强梯度 $\left(\dfrac{\mathrm{d}p}{\mathrm{d}x} < 0\right)$ 作用，由压强梯度引起的作用力将推动流体质点前进，具有加速作用，这时只有物面黏性阻滞作用与流体运动方向相反，但黏性阻滞作用只能使流速减慢，不可能引起流体反向运动，所以不会出现分离．另外，若只有逆压强梯度 $\left(\dfrac{\mathrm{d}p}{\mathrm{d}x} > 0\right)$ 作用，而没有物面黏性阻滞的作用，则流体中的流体质点不会滞止下来，也不会出现分离．

边界层分离后将产生漩涡，并不断被主流带走，在物体后面形成尾涡区，尾涡区内的流体由于漩涡的存在，产生很大的摩擦损失，消耗能量，所以边界层分离产生很大的阻力损失.

若逆压强梯度作用很小 $\left(\text{即}\dfrac{\mathrm{d}p}{\mathrm{d}x} > 0\text{很小}\right)$，则不一定出现边界层的分离或分离区很小，这样可减小压强损失，减小阻力. 例如，将钝头体的后部分改为细长形的尾部（如飞机的机翼），则可使主流的减速大大降低，也就是逆压强梯度的作用大大降低，避免出现分离或使分离区很小，从而减小阻力损失. 这种细长形的尾部就是通常所称的流线型，流线型物体阻力小的原因就在于此.

最后需要指出的是，普朗特边界层方程仅适用于分离点以前的区域. 在分离点以后，由于回流的出现，u、v 的数量级关系发生了很大变化，因此，推导边界层方程的基本假定不再适用，这时只能从完整的 Navier-Stokes 方程出发考虑问题.

5.4.3　卡门涡街

前面提到，边界层分离后将产生漩涡，从而在物体后面形成尾涡区，那么尾涡区内漩涡又是怎样运动的呢？

为了回答这个问题，让我们再把注意力转向本节开始时讨论的黏性流体绕流圆柱体的流动. 由前面分析可知，由于逆压强梯度和壁面黏性阻滞的共同作用，将在圆柱体后部产生边界层的分离，在主流的带动下，分离的边界层将在圆柱体后面产生一对旋转方向相反的漩涡，而后交替脱落，在圆柱体后的尾迹中排成涡列，如图 5-8 所示. 美国科学家卡门（Karman）首先研究总结了这一现象，故将此称为卡门涡街.

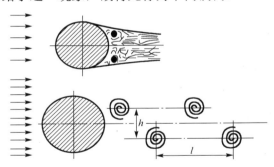

图 5-8　圆柱体后的尾迹和卡门涡街

卡门经过研究指出，若两涡列间的间距为 h，前后涡之间的间隔为 l（图 5-8），则对稳定的涡街，涡列间的几何关系为

$$\frac{h}{l} = 0.281 \tag{5-22}$$

涡街以小于主流的速度 u_s 向下游运动，卡门证明，单位长度圆柱体上的阻力为

$$F_D = \rho U_\infty^2 h \left[2.83 \frac{u_s}{U_\infty} - 1.12 \left(\frac{u_s}{U_\infty} \right)^2 \right] \tag{5-23}$$

式中，U_∞ 为来流流速.

在圆柱体后面的卡门涡街中，两列旋转方向相反的漩涡周期性地交替脱落，其脱落频率 n 与流体的来流速度 U_∞ 成正比，而与圆柱体的直径 d 成反比，即

$$n = S\frac{U_\infty}{d} \tag{5-24}$$

式中的 S 称为施特鲁哈尔（Strouhal）数，与 Re 数有关. 当 Re 数大于 10^3 时，施特鲁哈尔数近似等于常数 0.21. 根据这一性质，可制成卡门涡街流量计. 在管道中与流体流动垂直的方向插入一段圆柱体检测棒，则在检测棒下游产生卡门涡街. 若测得涡街脱落频率 n，则可由式（5-24）求得流速 U_∞，进而确定流量. 漩涡脱落频率可用超声波束法测得.

若脱落频率正好与圆柱体横向振动的自然频率相近或相等，就会产生共振. 输电线在一定风速下会发出"嗡嗡"响声，正是由这种共振引起的；一些热力设备的管束被流体横向绕流，如果发生共振，将损坏设备，应设法避免.

5.5　层流边界层的相似性方程

5.5.1　边界层相似的概念

5.3 节推导了不可压缩流体二维定常层流流动的边界层方程组

$$\begin{cases} \dfrac{\partial u}{\partial x} + \dfrac{\partial v}{\partial y} = 0 \\[2mm] u\dfrac{\partial u}{\partial x} + v\dfrac{\partial u}{\partial y} = U_e\dfrac{\mathrm{d}U_e}{\mathrm{d}x} + \nu\dfrac{\partial^2 u}{\partial y^2} \end{cases} \tag{5-25a}$$

其边界条件为 $y = 0$，$u = v = 0$；$y \to \infty$，$u = U_e$.

在一般情况下，它的解具有如下形式：

$$\frac{u}{U_e} = \varphi(x, y) \tag{5-25b}$$

可见，$\dfrac{u}{U_e}$ 为 x, y 的函数，也就是在不同 x 处的速度剖面是不一样的，但在某些情况下，不同 x 处的速度剖面，其形状可以非常相似，如图 5-9 所示.

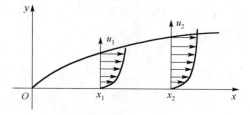

图 5-9　边界层内不同 x 处的速度剖面

因此，可以考虑对不同 x 截面上的速度剖面 $u(x, y)$，通过调整速度 u 和坐标 y 的尺度

因子，使它们重合在一起. 例如，以外部势流速度 $U_e(x)$ 作为速度 u 的尺度因子，以某特定函数 $g(x)$ 作为 y 的尺度因子，调整速度 u 和坐标 y，则在量纲一坐标 $\eta(x,y) = \dfrac{y}{g(x)}$ 上表示出来的量纲一速度 $\dfrac{u}{U_e(x)}$ 对于所有不同的 x 截面将完全相同，如图 5-10 所示.

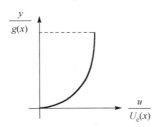

图 5-10　在量纲一坐标 $\eta(x,y) = \dfrac{y}{g(x)}$ 上的速度剖面

即

$$\frac{u}{U_e(x)} = \varphi(\eta) \qquad\qquad (5\text{-}26)$$

这样，自变量的数目就由两个（x, y）减少为一个（η），原来的偏微分方程将转化为常微分方程，式（5-26）就称为方程（5-19）的相似性解. $\eta = \dfrac{y}{g(x)}$ 就称为相似性变量.

由于 $\dfrac{u}{U_e(x)}$ 和 $\dfrac{y}{g(x)}$ 都是量纲一量，可以用量纲分析法推导相似性变量 $\eta = \dfrac{y}{g(x)}$. 方程（5-19）中有 u, y, x, ν, U_e 等 5 个变量（ν 对边界层内流动影响很小，可不考虑），涉及的量纲有 x 向的长度量纲 L_x，y 向的长度量纲 L_y 以及时间量纲 t 共 3 个量纲. 根据量纲分析法，可确定 $5 - 3 = 2$，即两个量纲一量的组成. 假设这两个量纲一量为 π_1, π_2，采用表 5-1 所示方法对这 5 个变量的量纲进行分析.

表 5-1　量纲分析表

	u	y	x	ν	U_e
L_x	1	0	1	0	1
L_y	0	1	0	2	0
t	-1	0	0	-1	-1

表 5-1 横向第一行是方程（5-25a）涉及的变量，纵向第一列为有关量纲，表中所列各数字为该变量所对应的量纲指数，如速度 u，其量纲为 $L_x^1 t^{-1}$，即与 L_x 对应的量纲指数为 1，与 t 对应的量纲指数为 -1，列于表 5-1. 其余各变量的量纲如表 5-1 所示.

根据 π 定理，可列出

$$\pi_i = u^{x_1} y^{x_2} x^{x_3} \nu^{x_4} U_e^{x_5}$$

对所求的量纲一量 π_i，其对应的各量纲指数应为零，则根据表 5-1

由 L_x 对应的量纲指数为零，设

$$x_1 + x_3 + x_5 = 0 \tag{a}$$

L_y 对应的量纲指数为零，设

$$x_2 + 2x_4 = 0 \tag{b}$$

t 对应的量纲指数为零，设

$$(-x_1) + (-x_4) + (-x_5) = 0 \tag{c}$$

由此可确定组成该量纲一量 π_i 的有关物理量的指数 x_1, x_2, x_3, x_4, x_5.

但五个指数变量，三个等式，无法唯一确定，可先确定两个量纲一量 π_1，π_2 中 u，y 两个量的指数变量 x_1, x_2. 由于量纲一量 π_1、π_2 分别对应于应变量 u 和自变量 y，且与应变量对应的量纲一量 π_1 不包含自变量 y，与自变量对应的量纲一量 π_2 不包含应变量 u，故 π_1 和 π_2 所对应的指数变量 x_1, x_2 如表 5-2 所示.

表 5-2　量纲计算表

	u	y	x	v	U_e
π_1	1	0	(0)	(0)	(−1)
π_2	0	1	$\left(-\dfrac{1}{2}\right)$	$\left(-\dfrac{1}{2}\right)$	$\left(\dfrac{1}{2}\right)$

再依靠上述(a)，(b)，(c)三个等式求 x, v, U_e 的指数变量 x_3, x_4, x_5.

对 π_1 有

$$\begin{cases} 1 + x_3 + x_5 = 0 \\ x_4 = 0 \\ -1 - x_4 - x_5 = 0 \end{cases}$$

由此解得：$x_5 = -1, x_4 = 0, x_3 = 0$，加上前面确定的 $x_1 = 1, x_2 = 0$，所以

$$\pi_1 = \frac{u}{U_e} = \varphi$$

对 π_2 有

$$\begin{cases} x_3 + x_5 = 0 \\ 1 + 2x_4 = 0 \\ -x_4 - x_5 = 0 \end{cases}$$

由此解得：$x_3 = -\dfrac{1}{2}, x_4 = -\dfrac{1}{2}, x_5 = \dfrac{1}{2}$，加上前面确定的 $x_1 = 0, x_2 = 1$，所以

$$\pi_2 = \frac{y}{\sqrt{\dfrac{vx}{U_e}}} = \eta$$

即

$$g(x) = \sqrt{\frac{\nu x}{U_e}}$$

$g(x) = \sqrt{\dfrac{\nu x}{U_e}}$ 是布拉修斯首次导出的参变量，后人发现这样假设后，量纲一的方程比较复杂，为简化方程，给变量乘上 $\sqrt{2}$ 的因子. 这也没违反量纲分析的原则，故现一直延用的是

$$g(x) = \sqrt{\frac{2\nu x}{U_e}} \tag{5-27}$$

5.5.2　相似性方程

1. 变量代换

由连续性方程

$$\frac{\partial u}{\partial x} + \frac{\partial v}{\partial y} = 0$$

引入流函数 $\psi(x, y)$，则

$$u = \frac{\partial \psi}{\partial y}, \quad v = -\frac{\partial \psi}{\partial x} \tag{5-28}$$

考虑流函数，就可将连续性方程包含其中了.

对自变量，令量纲一坐标为

$$\xi = \frac{x}{L}, \quad \eta = \frac{y}{g(x)} \tag{5-29}$$

式中，L 为 x 的尺度因子，以物面长度为代表；$g(x)$ 为 y 的尺度因子，以前面导出的数值为代表.

对因变量，考虑量纲一流函数

$$f(\xi, \eta) = \frac{\psi(x, y)}{U_e(x) g(x)} \tag{5-30}$$

式中，用 $U_e(x) g(x)$ 作为 $\psi(x, y)$ 的尺度因子，是因为由流函数（5-28）得 $\psi = \int u \mathrm{d}y$，而 u 的尺度因子是 U_e，y 的尺度因子是 $g(x)$.

2. 方程的导出

$$
\begin{aligned}
u = \frac{\partial \psi}{\partial y} &= U_e(x) g(x) \frac{\partial f(\xi, \eta)}{\partial \eta} \frac{\partial \eta}{\partial y} \\
&= U_e(x) g(x) \frac{\partial f}{\partial \eta} \frac{1}{g(x)} \\
&= U_e(x) \frac{\partial f}{\partial \eta}
\end{aligned} \tag{5-31}
$$

$$v = -\frac{\partial \psi}{\partial x} = -\left(\frac{\partial \psi}{\partial \eta}\frac{\partial \eta}{\partial x} + \frac{\partial \psi}{\partial \xi}\frac{\mathrm{d}\xi}{\mathrm{d}x} + \frac{\partial \psi}{\partial x} \right)$$

$$= -U_e g \frac{\partial f}{\partial \eta}\frac{\eta}{-g}g'(x) - U_e g \frac{\partial f}{\partial \xi}\frac{1}{L} - f\frac{\mathrm{d}}{\mathrm{d}x}(U_e g) \tag{5-32}$$

$$\frac{\partial u}{\partial y} = \frac{\partial^2 \psi}{\partial y^2} = U_e \frac{\partial^2 f}{\partial \eta^2}\frac{\partial \eta}{\partial y} = \frac{U_e}{g}\frac{\partial^2 f}{\partial \eta^2} \tag{5-33}$$

$$\frac{\partial u}{\partial x} = \frac{\partial^2 \psi}{\partial x \partial y} = -U_e \frac{\eta}{g}\frac{\partial^2 f}{\partial \eta^2}g' + \frac{U_e}{L}\frac{\partial^2 f}{\partial \eta \partial \xi} + \frac{\partial f}{\partial \eta}\frac{\mathrm{d}U_e}{\mathrm{d}x}$$

$$\frac{\partial^2 u}{\partial y^2} = \frac{\partial^3 \psi}{\partial \eta^3} = \frac{U_e}{g^2}\frac{\partial^3 f}{\partial \eta^3}$$

令

$$f' = \frac{\partial f}{\partial \eta}, \quad (U_e g)' = \frac{\mathrm{d}}{\mathrm{d}x}(U_e g), \quad f'' = \frac{\partial^2 f}{\partial \eta^2}, \quad f''' = \frac{\partial^3 f}{\partial \eta^3}, \quad U_e' = \frac{\mathrm{d}U_e}{\mathrm{d}x}$$

代入普朗特边界层方程（5-19），得

$$f''' + \alpha ff'' + \beta(1 - f'^2) = \frac{U_e g^2}{\nu L}\left(f'\frac{\partial f'}{\partial \xi} - f''\frac{\partial f}{\partial \xi} \right) \tag{5-34}$$

式中

$$\alpha = \frac{g(x)[U_e(x)g(x)]'}{\nu} \tag{5-35}$$

$$\beta = \frac{g^2(x)U_e'(x)}{\nu} \tag{5-36}$$

3. 存在相似性解的条件

相似性解 $\dfrac{u}{U_e} = \varphi(\eta)$，也就是 $f = \dfrac{\psi}{U_e g} = f(\eta)$，仅与 η 有关，而与 ξ，x 无关，所以必须满足下列条件：

（1）
$$\frac{\partial f}{\partial \xi} = 0, \quad \frac{\partial f'}{\partial \xi} = 0$$

（2）
$$\alpha = \frac{g(x)}{\nu}[U_e(x)g(x)]' = 常数 \tag{5-37}$$

$$\beta = \frac{g^2(x)}{\nu}\frac{\mathrm{d}}{\mathrm{d}x}[U_e(x)] = 常数 \tag{5-38}$$

满足上述条件后，使偏微分方程成为常微分方程. 式（5-34）成为

$$f''' + \alpha ff'' + \beta(1 - f'^2) = 0 \tag{5-39}$$

边界条件为

$$f(0) = f'(0) = 0, \quad f'(\infty) = 1$$

式（5-39）中，f''' 与 $\dfrac{\partial^2 u}{\partial y^2}$ 有关，代表量纲一黏性力；$\alpha f f''$ 与 $v\dfrac{\partial u}{\partial y}$ 有关，表示沿 y 向的量纲一惯性力；f'^2 与 $u\dfrac{\partial u}{\partial x}$ 有关，表示沿 x 向的量纲一惯性力；β 与 $\dfrac{\mathrm{d}U_\mathrm{e}}{\mathrm{d}x}$ 有关，表示受压强梯度的影响. 而式（5-34）右边各项则是随 η 和 ξ 而变的量纲一迁移惯性力.

5.5.3　存在相似性解的物面条件

从上面的分析可知，存在相似性解是有条件的，而这些条件包含对 $U_\mathrm{e}(x)$ 和 $g(x)$ 的函数的约束. 通过后面的保角变换将会看到，这种函数的形式将与流体绕流的物面形状有关，那么，何种物面形状下形成的外部势流速度分布具有相似性解呢？

联立式（5-37）、式（5-38），并作组合

$$
\begin{aligned}
(2\alpha - \beta)v &= 2g(x)\frac{\mathrm{d}}{\mathrm{d}x}[U_\mathrm{e}g] - g^2\frac{\mathrm{d}}{\mathrm{d}x}(U_\mathrm{e}) \\
&= 2g^2\frac{\mathrm{d}}{\mathrm{d}x}(U_\mathrm{e}) + 2gU_\mathrm{e}\frac{\mathrm{d}}{\mathrm{d}x}(g) - g^2\frac{\mathrm{d}}{\mathrm{d}x}(U_\mathrm{e}) \\
&= g^2\frac{\mathrm{d}}{\mathrm{d}x}(U_\mathrm{e}) + 2gU_\mathrm{e}\frac{\mathrm{d}}{\mathrm{d}x}(g) \\
&= \frac{\mathrm{d}}{\mathrm{d}x}(g^2 U_\mathrm{e})
\end{aligned}
\tag{5-40}
$$

积分得

$$U_\mathrm{e}g^2 = (2\alpha - \beta)vx \tag{5-41}$$

1. 两类问题

1）$2\alpha - \beta \neq 0$

联立式（5-41）和式（5-36），可得

$$\frac{U_\mathrm{e}'}{U_\mathrm{e}} = \frac{\beta}{(2\alpha - \beta)x} \tag{5-42}$$

积分得

$$\ln U_\mathrm{e} = \ln x^{\frac{\beta}{2\alpha - \beta}} \tag{5-43}$$

即

$$U_\mathrm{e} = ax^{\frac{\beta}{2\alpha - \beta}} \tag{5-44}$$

因为 α、β 均为常数，所以令 $\alpha = 1$，$m = \dfrac{\beta}{2 - \beta}$，$\beta = \dfrac{2m}{1 + m}$，式（5-44）就成为

$$U_\mathrm{e} = ax^m \tag{5-45}$$

式（5-45）表示，要使边界层方程有相似性解，势流速度需呈现 $U_\mathrm{e} = ax^m$ 幂函数关系. 由

式（5-41），解得

$$g = \sqrt{2\alpha - \beta}\sqrt{\frac{\nu x}{U_e}}$$

$$= \sqrt{2 - \beta}\sqrt{\frac{\nu x}{U_e}} = \sqrt{\frac{2}{1+m}}\sqrt{\frac{\nu x}{U_e}} \tag{5-46}$$

式（5-46）表示了 $g(x)$ 函数所具有的形式. 它具有长度量纲，作为坐标 y 的尺度因子，可使 $\eta = \dfrac{y}{g(x)}$ 成为量纲一量. 当 $m = 0$ 时，式（5-46）与式（5-27）一致.

2）$\alpha \neq 0$，$\beta \neq 0$，$2\alpha - \beta = 0$

式（5-40）就成为

$$\frac{\mathrm{d}}{\mathrm{d}x}(g^2 U_e) = 0$$

$$g^2 U_e = 常数 \tag{5-47}$$

将式（5-47）和式（5-38）联立，可得

$$\frac{U_e'}{U_e} = \frac{\beta \nu}{c} \tag{5-48}$$

积分得

$$\ln U_e = \frac{\beta \nu}{c}x \tag{5-49}$$

即

$$U_e = a\mathrm{e}^{\frac{\beta \nu}{c}x} \tag{5-50}$$

当边界层外缘速度分布 $U_e(x)$ 为式（5-45）表示的 x 的幂函数关系时，边界层方程具有相似性解，这是理论分析中经常提到的一种类型，后面将具体分析其所对应的绕流物面的形式. 对式（5-50）所得到的势流呈指数分布，目前还未找到实际应用的例子.

2. m、β 的几何意义和势流幂函数分布的证明

1）m, β 的几何意义

从上面的分析中可知 m 与 β 是两个重要的量，与流体绕流的具体物面相联系，可将 β 定义为以 π 为基本量的量纲一绕流楔角，如图 5-11 所示，流体绕楔角为 γ 的物面流动，则

$$\gamma = \beta\pi$$

另外，流体绕流的流场幅角为 $2\pi - \beta\pi$，m 则定义为楔角与流场幅角之比，即

$$m = \frac{\gamma}{2\pi - \gamma} = \frac{\beta\pi}{2\pi - \beta\pi} = \frac{\beta}{2 - \beta} \tag{5-51}$$

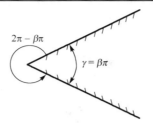

图 5-11　绕流楔角与流场幅角

2）绕楔形体流动的势流为幂函数的证明

根据上述定义，再运用复变函数中的保角变换，可证明绕楔形体流动的势流具有式（5-45）表示的幂函数关系.

设流体在图 5-12(a)所示的复平面 Z_1 中流动，此时不可压缩流体绕楔角 $\gamma = \beta\pi$ 的楔形体流动，流场的幅角为 $2\pi - \beta\pi$，考虑流场与楔角关于 x 轴的对称性，仅考虑上半平面的情形. 在上半平面，半楔角为 $\dfrac{\gamma}{2} = \dfrac{\beta}{2}\pi$，流场的半幅角为 $\pi - \dfrac{\gamma}{2}$，应用复变函数中的保角变换，可将此绕楔形体的流动变换为沿极薄半无限大平板的平行绕流. 首先，用一个相似变换和一个旋转变换使其旋转 $-\dfrac{\gamma}{2}$ 角并将模扩大 C 倍，变换成 Z_2 平面中的流动，如图 5-12(b)所示，则

$$Z_2 = Ce^{-i\frac{\gamma}{2}}Z_1$$

$$Z_1 = re^{i\theta}$$

式中，r 为复数的模，$r = \sqrt{x^2 + y^2}$；θ 为复数的幅角，$\theta = \arctan\left(\dfrac{y}{x}\right)$.

将其幅角先缩小 $\pi - \dfrac{\gamma}{2}$ 倍，再扩大 π 倍，成为 Z_3 平面中沿极薄半无限大平板的平行绕流，如图 5-12(c)所示，则

$$Z_3 = Z_2^{\frac{\pi}{\pi - \frac{\gamma}{2}}}$$

所以

$$Z_3 = \left(Ce^{-i\frac{\gamma}{2}}Z_1\right)^{\frac{\pi}{\pi - \frac{\gamma}{2}}} = C^{\frac{\pi}{\pi - \frac{\gamma}{2}}}e^{-i\frac{\frac{\gamma}{2}\pi}{\pi - \frac{\gamma}{2}}}Z_1^{\frac{\pi}{\pi - \frac{\gamma}{2}}}$$

因为

$$\frac{\gamma}{2} = \frac{\beta}{2}\pi$$

$$\frac{\pi}{\pi - \frac{\gamma}{2}} = \frac{\pi}{\pi - \frac{\beta}{2}\pi} = \frac{2}{2 - \beta}$$

$$\beta = \frac{2m}{1+m}$$

所以

$$\frac{\pi}{\pi - \dfrac{\gamma}{2}} = \frac{2}{2-\beta} = \frac{2(1+m)}{2(1+m)-2m} = 1+m$$

所以

$$Z_3 = C^{\frac{\pi}{\pi-\frac{\gamma}{2}}} e^{-i\frac{\frac{\gamma}{2}\pi}{\pi-\frac{\gamma}{2}}} Z_1^{\frac{\pi}{\pi-\frac{\gamma}{2}}} = C^{1+m} e^{-im\pi} Z_1^{1+m} \tag{5-52}$$

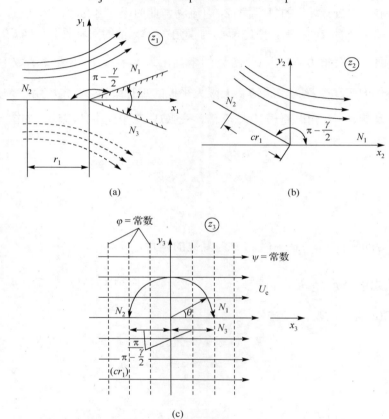

图 5-12　把沿绕楔形体流动的流场保角变换为沿平板流动的流场

　　由于边界层外的流动是理想流体的势流流动，对沿极薄半无限大平板的平行绕流，可将其视为二维不可压缩定常势流流动，用速度势函数 φ 和流函数 ψ 构成一个解析复变函数 W_3，即

$$W_3(Z_3) = \varphi + i\psi \tag{5-53}$$

对于如图 5-12(c)所示，在 Z_3 平面中沿极薄半无限大平板的平行绕流，可设

$$W_3(Z_3) = U_\infty Z_3 = U_\infty x + iU_\infty y \tag{5-54}$$

则根据复变函数，φ 的等值线和 ψ 的等值线构成正交曲线簇. φ 和 ψ 对二维不可压缩势流而言，均满足拉普拉斯方程，因此是调和函数，且满足柯西-黎曼条件，即

$$u = \frac{\partial \varphi}{\partial x} = \frac{\partial \psi}{\partial y}$$

$$v = \frac{\partial \varphi}{\partial y} = -\frac{\partial \psi}{\partial x}$$

$$u = \frac{\partial \varphi}{\partial x} = U_\infty \tag{5-55}$$

$$v = \frac{\partial \varphi}{\partial y} = 0 \tag{5-56}$$

式（5-55）、式（5-56）所示为复势 W_3 在 Z_3 平面沿极薄半无限大平板流动时的速度分布. 寻找复势 W_3 在 Z_1 平面中的表达形式，并求此时的速度分布 $\dfrac{\mathrm{d}W_3}{\mathrm{d}Z_1}$，则可获得绕楔形体流动时势流的速度分布.

根据式（5-52）和式（5-54）有

$$\begin{aligned} W_3(Z_1) &= U_\infty C^{1+m} \mathrm{e}^{-im\pi} Z_1^{1+m} \\ &= \frac{U_\infty C^{1+m} Z_1^{1+m}}{\mathrm{e}^{im\pi}} \end{aligned} \tag{5-57}$$

将速度 V 用复数表示，以 $\bar{V}$ 代表 V 的共轭复速度，则

$$\left| \frac{\mathrm{d}W_3}{\mathrm{d}Z_1} \right| = \left| \bar{V} \right| = |V| = \left| \frac{U_\infty (1+m) C^{1+m}}{\mathrm{e}^{im\pi}} Z_1^m \right| = \left| U_\infty (1+m) C^{1+m} Z_1^m \right|$$

式中，$\left| \mathrm{e}^{im\pi} \right| = 1$.

当 $Z_1 = -1$ 时，$V = u = u_{-1}$，则

$$\left| u_{-1} \right| = \left| U_\infty (1+m) C^{1+m} \right|$$

由此可得 $U_\infty C^{1+m} = \dfrac{u_{-1}}{1+m}$，所以

$$W_3 = \frac{u_{-1}}{1+m} \mathrm{e}^{-im\pi} Z_1^{1+m} \tag{5-58}$$

$$\frac{\mathrm{d}W_3}{\mathrm{d}Z_1} = u_{-1} \mathrm{e}^{-im\pi} Z_1^m = u_{-1} r^m \mathrm{e}^{-im(\pi-\theta)} = \bar{V} = u - iv \tag{5-59}$$

则模为 r、幅角为 θ 的任意位置上的速度分量如图 5-13 所示，有

$$u_\theta = u_{-1} r^m \cos[m(\pi-\theta)] \tag{5-60}$$

$$v_\theta = u_{-1} r^m \sin[m(\pi-\theta)] \tag{5-61}$$

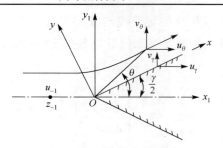

图 5-13　坐标与速度的关系

由于楔面上边界层很薄，因此，边界层外缘的流速可以近似用楔形体面上的势流速度代表. 在楔面上 $\theta = \dfrac{\gamma}{2}$，所以

$$u_\gamma = u_{-1} r^m \cos\left[m\left(\pi - \frac{\gamma}{2} \right) \right]$$

$$v_\gamma = u_{-1} r^m \sin\left[m\left(\pi - \frac{\gamma}{2} \right) \right]$$

$$U_e = \left| V_\gamma \right| = \sqrt{u_\gamma^2 + v_\gamma^2} = u_{-1} r^m \tag{5-62}$$

将 Z_1 平面上的坐标 x_1、y_1，改为边界层坐标 x、y，则 x 处的边界层外缘速度 U_e 为

$$U_e = u_{-1} x^m = a x^m \tag{5-63}$$

这样，就证明了绕楔形体流动的势流成 x 的幂函数速度分布.

3. 幂函数分布所具有的物面形状

1）$m = 0$，$\beta = \dfrac{2m}{1+m} = 0$，$\gamma = \beta\pi = 0$

绕流物面情况如图 5-14 所示，这是流体沿平板流动的情况. 此时

$$U_e = a x^m = U_\infty = 常数，\qquad g(x) = \sqrt{\frac{2\nu x}{U_e}}，\qquad \eta = \frac{y}{\sqrt{\dfrac{2\nu x}{U_e}}}$$

相似性边界层方程

$$f''' + f f'' = 0 \tag{5-64}$$

求解方程（5-64），可得到著名的布拉修斯沿平板流动的相似性解.

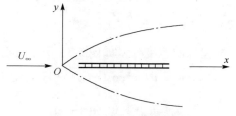

图 5-14　流体沿平板流动

2）$m=1$，$\alpha=1$，$\beta=\dfrac{2m}{1+m}=1$，$\gamma=\beta\pi=\pi$

绕流物面情况如图 5-15 所示，这是流体绕垂直平板流动的情况，绕顶角 π 或绕钝头柱体前驻点的二维流动也是这种情况. 此时

$$U_{\mathrm{e}}=ax,\quad g(x)=\sqrt{\dfrac{v}{a}},\quad \eta=\dfrac{y}{\sqrt{\dfrac{v}{a}}}$$

相似性边界层方程为

$$f'''+ff''+(1-f'^2)=0 \tag{5-65}$$

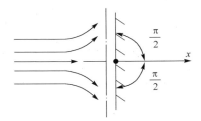

图 5-15　流体绕垂直平板流动

3）$m\neq0$，且 $|m|\neq1$，$\alpha=1$，$0<\beta<\alpha(\beta\neq1)$，$\gamma=\beta\pi$

绕流物面情况如图 5-16 所示，这是流体绕顶角为 $\beta\pi$ 的二维半无限大楔形体的对称流. 此时

$$U_{\mathrm{e}}=ax^{m},\quad g(x)=\sqrt{\dfrac{2}{1+m}\dfrac{vx}{U_{\mathrm{e}}}},\quad \eta=\dfrac{y}{\sqrt{\dfrac{2}{1+m}\dfrac{vx}{U_{\mathrm{e}}}}}$$

相似性边界层方程为

$$f'''+ff''-\beta(f'^2-1)=0 \tag{5-66}$$

式（5-66）是著名的弗克纳-斯肯（Falkner-Skan）方程. 求解弗克纳-斯肯方程，可得到流体绕楔形体流动的情况.

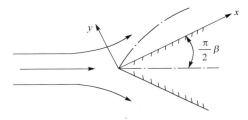

图 5-16　流体绕顶角为 $\beta\pi$ 的二维半无限大楔形体的对称流

4）$\alpha=0$，$\beta\neq0$，$m=-1$

则

$$U_e = ax^{-1}$$

边界层方程为

$$f''' + \beta(1 - f'^2) = 0 \tag{5-67}$$

绕流情况如图 5-17 所示，这是点源（$a > 0$）或点汇（$a < 0$）的流动，β 值的大小代表流道的边界.

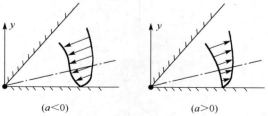

$(a<0)$　　　　　$(a>0)$

图 5-17　点源（$a > 0$）或点汇（$a < 0$）的流动

5）$\alpha = 1$，$-\dfrac{1}{2} \leqslant m \leqslant 0$，$-2 \leqslant \beta \leqslant 0$

边界层方程为

$$f''' + ff'' - \beta(f'^2 - 1) = 0 \tag{5-68}$$

绕流情况如图 5-18 所示，在这种情况下，流道扩大，为平面减速流.

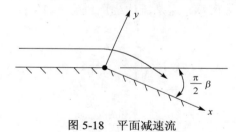

图 5-18　平面减速流

5.6　绕平板层流流动边界层方程的布拉修斯解

5.6.1　布拉修斯解

5.5 节在讨论幂函数分布所具有的物面形状时曾分析过，当 $m = 0$，$\beta = 0$，$\gamma = 0$ 时，相应于流体沿平板流动. 此时，势流速度 $U_e = U_\infty$，相似性变量 $\eta = \dfrac{y}{\sqrt{\dfrac{2\nu x}{U_e}}}$.

相似性边界层方程为

$$f''' + ff'' = 0 \tag{5-69}$$

边界条件为

$$\eta = 0, \quad f'(0) = f(0) = 0$$

$$\eta = \infty, \quad f'(\infty) = 1$$

方程（5-69）首先由布拉修斯于 1908 年导出的，故也称为布拉修斯方程. 它是一个三阶非线性常微分方程，式中 $f'''(\eta)$ 代表黏性力，ff'' 代表惯性力. 布拉修斯当年采用级数衔接法求得了式（5-69）的解. 之后，托普费尔（Topfer，1912 年）和霍华斯（Howarth，1938年）用龙格-库塔法，手算完成了式（5-69）的数值积分. 后来，史密斯（Smith，1954 年）、罗森哈德（Rosenhead，1963 年）和伊文斯（Evans，1968 年）利用计算机，得到了精确到小数点以后七位数的 f 值. 下面介绍托普费尔等采用的一种方法.

对解析函数 $f(\eta)$，若在 $\eta = 0$ 处没有奇点，那么在 $\eta = 0$ 的邻域内，$f(\eta)$ 可以展开为泰勒级数.

$$f(\eta) = A_0 + A_1\eta + \frac{A_2}{2!}\eta^2 + \frac{A_3}{3!}\eta^3 + \cdots + \frac{A_n}{n!}\eta^n + \cdots = \sum_{n=0}^{\infty} \frac{f^{(n)}(0)}{n!}\eta^n \qquad （5\text{-}70）$$

其中 $A_n = f^{(n)}(0)$.

令式（5-70）为布拉修斯方程（5-69）的解，那么它必须满足 $\eta = 0$ 的边界条件 $f'(0) = f(0) = 0$，得

$$A_0 = A_1 = 0$$

因为

$$f'(\eta) = A_1 + A_2\eta + \frac{A_3}{2!}\eta^2 + \cdots + \frac{A_n}{(n-1)!}\eta^{n-1} + \cdots$$

$$f''(\eta) = A_2 + A_3\eta + \frac{A_4}{2!}\eta^2 + \cdots + \frac{A_n}{(n-2)!}\eta^{n-2} + \frac{A_{n+1}}{(n-1)!}\eta^{n-1} + \cdots$$

$$f'''(\eta) = A_3 + A_4\eta + \frac{A_5}{2!}\eta^2 + \cdots + \frac{A_n}{(n-3)!}\eta^{n-3} + \frac{A_{n+1}}{(n-2)!}\eta^{n-2} + \frac{A_{n+2}}{(n-1)!}\eta^{n-1} + \cdots$$

将上述关系式代入式（5-69），得

$$A_3 + A_4\eta + \frac{A_5}{2!}\eta^2 + \cdots + \left(\frac{A_2}{2!}\eta^2 + \frac{A_3}{3!}\eta^3 + \cdots\right)\left(A_2 + A_3\eta + \frac{A_4}{2!}\eta^2 + \cdots\right) = 0$$

合并同类项，得

$$A_3 + A_4\eta + \frac{1}{2!}(A_2^2 + A_5)\eta^2 + \cdots = 0 \qquad （5\text{-}71）$$

式（5-71）在 η 等于任何值下都应成立，所以 η 的各幂次项的系数应分别为零. 由此得：

$$A_3 = 0, \quad A_4 = 0, \quad A_2^2 + A_5 = 0, \quad \cdots$$

这样，所有的系数都可以用 A_2 来表达，而函数 f 成为

$$f(\eta) = \frac{A_2}{2!}\eta^2 - \frac{A_2^2}{5!}\eta^5 + \frac{11A_2^3}{8!}\eta^8 - \frac{375A_2^4}{11!}\eta^{11} + \frac{27897A_2^5}{14!}\eta^{14} - \cdots$$

$$= A_2^{\frac{1}{3}}\left[\frac{1}{2}\left(A_2^{\frac{1}{3}}\eta\right)^2 - \frac{1}{5!}\left(A_2^{\frac{1}{3}}\eta\right)^5 + \frac{11}{8!}\left(A_2^{\frac{1}{3}}\eta\right)^8 - \frac{375}{11!}\left(A_2^{\frac{1}{3}}\eta\right)^{11} + \frac{27897}{14!}\left(A_2^{\frac{1}{3}}\eta\right)^{14} - \cdots\right]$$

$$= A_2^{\frac{1}{3}}F(\xi) \qquad （5\text{-}72）$$

式中，$\xi = A_2^{\frac{1}{3}}\eta$．

对式（5-72）取微分，得

$$f' = A_2^{\frac{2}{3}}F'(\xi) \tag{5-73}$$

式中，$f' = \dfrac{\mathrm{d}f}{\mathrm{d}\eta}$，$F' = \dfrac{\mathrm{d}F}{\mathrm{d}\xi}$．待定系数 A_2 用式（5-69）的边界条件确定．

由于

$$\eta \to \infty，\quad f'(\infty) = 1$$

即

$$\lim_{\eta \to \infty} f'(\eta) = \lim_{\eta \to \infty} A_2^{\frac{2}{3}}F'(\xi) = 1$$

有

$$A_2 = \left[\frac{1}{\lim\limits_{\eta \to \infty} F'(\xi)}\right]^{\frac{3}{2}} \tag{5-74}$$

$F'(\xi)$ 可用数值积分求得．由于 $f = A_2^{\frac{1}{3}}F(\xi)$，不难看出，$F(\xi)$ 应满足常微分方程

$$F'''(\xi) + F(\xi)F''(\xi) = 0$$

该方程有三个边界条件，其中两个边界条件可确定为

$$\xi = 0：\ F(0) = F'(0) = 0$$

由式（5-72）知

$$f''(0) = A_2，\text{ 而 } f''(0) = A_2 F''(0)$$

由此求得第三个边界条件

$$F''(0) = 1$$

有了边界条件，就可以从 $\xi = 0$ 起逐步增大 ξ，计算出各对应的 $F'(\xi)$ 值，当 $\xi \to \infty$（相当于 $\eta \to \infty$）时，$F'(\xi)$ 趋向于一个常数，然后由式（5-74）求得 $A_2 = 0.469600$．

待定系数 A_2 确定后，级数 $f(\eta)$ 也就确定了．另外，由于 A_2 值已求出，在 $\eta = 0$ 处的三个边界条件为：$f'(0) = f(0) = 0$ 和 $f''(0) = A_2$．由此可解出壁面的摩擦阻力．表 5-3 列出了函数 $f(\eta)$ 及其一阶导数 $f'(\eta)$ 和二阶导数 $f''(\eta)$ 的数值，利用表中数值，可以求得边界层内各种物理量．

表 5-3　方程 $f''' + ff'' = 0$ 的数值解

η	f		f'		f''	
0.0	0.0000	000	0.0000	00	0.4696	00
0.1	0.0023	480	0.0496	59	0.4695	63
0.2	0.0093	914	0.0939	05	0.4693	06

续表

η	f		f'		f''	
0.3	0.0211	275	0.1408	06	0.4686	09
0.4	0.0375	492	0.1876	05	0.4672	54
0.5	0.0586	427	0.2342	27	0.4650	30
0.6	0.0843	856	0.2805	75	0.4617	34
0.7	0.1147	447	0.3265	32	0.4571	77
0.8	0.1496	745	0.3716	63	0.4511	90
0.9	0.1891	148	0.4167	18	0.4436	28
1.0	0.2329	900	0.4606	32	0.4343	79
1.1	0.2812	075	0.5035	35	0.4233	68
1.2	0.3336	572	0.5452	46	0.4105	65
1.3	0.3902	111	0.5855	88	0.3959	84
1.4	0.4507	234	0.6243	86	0.3796	92
1.5	0.5150	312	0.6614	73	0.3618	04
1.6	0.5829	560	0.6066	99	0.3424	87
1.7	0.6543	045	0.7299	30	0.3219	50
1.8	0.7288	718	0.7610	57	0.3004	45
1.9	0.8064	429	0.7899	96	0.2782	51
2.0	0.8867	962	0.8166	94	0.2556	69
2.2	1.0549	463	0.8633	03	0.2105	80
2.4	1.2315	267	0.9010	65	0.1675	61
2.6	1.4148	231	0.9306	01	0.1286	13
2.8	1.6032	823	0.9528	75	0.0951	14
3.0	1.7955	666	0.9690	54	0.0677	11
3.2	1.9905	796	0.9803	65	0.0463	70
3.4	2.1874	658	0.9879	70	0.0305	35
3.6	2.3855	888	0.9928	88	0.0193	29
3.8	2.5844	972	0.9959	44	0.0117	59
4.0	2.7838	848	0.9977	70	0.0068	74
4.2	2.9835	535	0.9988	18	0.0038	61
4.4	3.1833	808	0.9993	96	0.0020	84
4.6	3.3832	941	0.9997	03	0.0010	81
4.8	3.5832	520	0.9998	59	0.0005	39
5.0	3.7832	324	0.9999	36	0.0002	58
5.2	3.9832	236	0.9999	71	0.0001	19
5.4	4.1832	197	0.9999	88	0.0000	52
5.6	4.3832	181	0.9999	95	0.0000	22
5.8	4.5832	173	0.9999	98	0.0000	09
6.0	4.7832	170	0.9999	99	0.0000	03

5.6.2 布拉修斯解的应用

1. 边界层的速度分布

由式（5-31）得

$$\frac{u}{U_e} = \frac{\partial f}{\partial \eta} = f'(\eta) \tag{5-75}$$

式（5-32）表示

$$v = U_e \eta g'(x) f'(\eta) - U_e g \frac{\partial f}{\partial \xi} \frac{1}{L} - f \frac{\mathrm{d}}{\mathrm{d}x}(U_e g)$$

对平板 $\dfrac{\mathrm{d}U_e}{\mathrm{d}x} = 0$，有相似性解 $\dfrac{\partial f}{\partial \xi} = 0$，$U_e = U_\infty$，

$$\begin{aligned}
v &= U_\infty \eta g'(x) f'(\eta) - f(\eta) U_\infty g'(x) \\
&= U_\infty g'(x) [\eta f'(\eta) - f(\eta)] \\
&= \sqrt{\frac{\nu U_\infty}{2x}} [\eta f'(\eta) - f(\eta)]
\end{aligned} \tag{5-76}$$

利用表 5-3 中的数值，可以求得不同 η 值下的 u 和 v 的值．图 5-19 表示相似坐标下的平板纵向量纲一速度分布 $\dfrac{u}{U_\infty}$ 与尼古拉兹（Nikuradse，1942 年）实验结果的比较．由图可知，两者符合得很好．

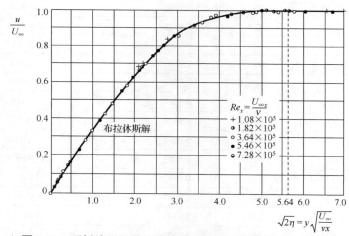

图 5-19　平板边界层的速度分布与尼古拉兹实验结果的比较

式（5-76）可改写成

$$v \sqrt{\frac{x}{\nu U_\infty}} = \frac{1}{\sqrt{2}} [\eta f'(\eta) - f(\eta)] = \frac{1}{2} \left[\sqrt{2}\eta f'(\eta) - \sqrt{2} f(\eta) \right] \tag{5-77}$$

根据式（5-77），表 5-4 示出了一些横向速度 v 的计算值．由表 5-4 可见，当 η 增加到

一定值后，$v\sqrt{\dfrac{x}{vU_\infty}}$ 的值趋向于一个约为 0.8604 的极限值.

$$v_{\eta\to\infty} = 0.8604\sqrt{\frac{vU_\infty}{x}} = 0.8604U_\infty\sqrt{\frac{v}{U_\infty x}} = 0.8604U_\infty\frac{1}{\sqrt{Re_x}} \qquad （5-78）$$

表 5-4　横向速度分量 v 的一些计算值

$\sqrt{2}\eta$	$v\sqrt{\dfrac{x}{vU_\infty}}$	$\sqrt{2}\eta$	$v\sqrt{\dfrac{x}{vU_\infty}}$
0	0	3.0	0.57066
0.2	0.00332	4.0	0.75816
0.4	0.01328	5.0	0.83723
0.6	0.02981	6.0	0.85712
0.8	0.05283	7.0	0.86004
1.0	0.08211	8.0	0.86038
2.0	0.30475	8.4	0.86038

　　图 5-20 表示根据式（5-78）得到的相似坐标下的平板横向量纲一速度分布. 由图可见，横向量纲一速度分布从物面上 $\eta = 0$ 时的零值逐渐上升，直至在边界层外边界附近趋于一有限值. 可见，由于边界层的存在，在所采取的近似范围内，不会使外部势流的纵向速度发生变化，但要产生一个很小的横向流动. 这是由于板面的黏性阻滞作用把流体向外排挤的缘故，也就是说边界层对外部势流有逆向影响.

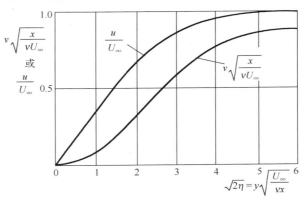

图 5-20　边界层内速度 u 和 v 的分布曲线

　　另外，由于不存在逆压力梯度，平板边界层不会产生分离. 这也可从边界层分离点必须符合的条件 $\left(\dfrac{\partial u}{\partial y}\right)_{y=0} = 0$ 是否满足来判定. 因为

$$\left(\frac{\partial u}{\partial y}\right)_{y=0} = U_\infty\sqrt{\frac{U_\infty}{2vx}}f''(0) = 0.4696U_\infty\sqrt{\frac{U_\infty}{2vx}} \neq 0 \qquad （5-79）$$

故不管 x 为任何有限值，在物面上 $\left(\dfrac{\partial u}{\partial y}\right)_{y=0}$ 都不会等于零，从而证明了平板边界层不会发生分离.

2. 边界层的各种厚度

1）名义厚度 δ

根据定义，名义厚度 δ 是 $\dfrac{u}{U_\infty}=f'(\eta)=0.99$ 时的 y 值. 由表 5-3 查得，当 $f'(\eta)=0.99$ 时，$\eta\approx 3.5$. 因为 $\eta=y\sqrt{\dfrac{U_\infty}{2\nu x}}$，所以

$$\delta=\eta\sqrt{\frac{2\nu x}{U_\infty}}=3.5\sqrt{\frac{2\nu x}{U_\infty}}=5\frac{x}{\sqrt{Re_x}} \qquad (5\text{-}80)$$

2）排挤厚度 δ^*

根据 δ^* 的定义式（5-7），有

$$\delta^*=\int_0^\infty\left(1-\frac{u}{U_\infty}\right)\mathrm{d}y=\sqrt{\frac{2\nu x}{U_\infty}}\int_0^\infty[1-f'(\eta)]\mathrm{d}\eta$$

$$=\sqrt{\frac{2\nu x}{U_\infty}}\lim_{\eta\to\infty}[\eta-f(\eta)] \qquad (5\text{-}81)$$

由表 5-3 可知，$\eta=3.6$ 时，$\eta-f(\eta)=1.2144112$；$\eta=6$ 时，$\eta-f(\eta)=1.216783$. 可见，在 $\eta>3.5$ 的边界层外，η 增加引起的 $\eta-f(\eta)$ 的增量已非常小，因此可用 $\eta=6$ 时，$\eta-f(\eta)$ 值近似代替 $\lim\limits_{\eta\to\infty}[\eta-f(\eta)]$ 的值. 并将此值代入式（5-81），得

$$\delta^*=1.216783\sqrt{\frac{2\nu x}{U_\infty}}=1.7208\sqrt{\frac{\nu x}{U_\infty}}=1.7208\frac{x}{\sqrt{Re_x}} \qquad (5\text{-}82)$$

3）动量损失厚度 θ

根据 θ 的定义式（5-12），有

$$\theta=\int_0^\infty\frac{u}{U_\infty}\left(1-\frac{u}{U_\infty}\right)\mathrm{d}y=\sqrt{\frac{2\nu x}{U_\infty}}\int_0^\infty f'(\eta)[1-f'(\eta)]\mathrm{d}\eta$$

$$=\sqrt{\frac{2\nu x}{U_\infty}}\left[\int_0^\infty f'(\eta)\mathrm{d}\eta-\int_0^\infty f'^2(\eta)\mathrm{d}\eta\right] \qquad (5\text{-}83)$$

对于式（5-83）中的第二个积分，可作如下推演：

因为

$$f'^2=f'^2+ff''-ff''$$

$$f'^2+ff''=\frac{\mathrm{d}}{\mathrm{d}\eta}(ff')$$

由布拉修斯方程 $f''' + ff'' = 0$，可得 $ff'' = -f''' = -\dfrac{\mathrm{d}}{\mathrm{d}\eta}(f'')$，所以

$$\int_0^\infty f'^2 \mathrm{d}\eta = \int_0^\infty \frac{\mathrm{d}}{\mathrm{d}\eta}(ff' + f'')\mathrm{d}\eta = [ff' + f'']\big|_0^\infty$$

所以式（5-83）中的积分

$$\begin{aligned}
\int_0^\infty f'(1 - f')\mathrm{d}\eta &= [f - (ff' + f'')]\big|_0^\infty \\
&= f(1 - f')\big|_0^\infty - f''\big|_0^\infty \\
&= f(\infty)[1 - f'(\infty)] - f''(\infty) - f(0)[1 - f'(0)] + f''(0) \\
&= f''(0)
\end{aligned} \tag{5-84}$$

这是由于 $f'(\infty) = 1$，$f''(\infty) = f(0) = 0$ 的缘故. 将式（5-84）代入式（5-83），得

$$\theta = \sqrt{\frac{2\nu x}{U_\infty}} f''(0) = 0.4696\sqrt{\frac{2\nu x}{U_\infty}} = 0.6641\sqrt{\frac{\nu x}{U_\infty}} = 0.6641\frac{x}{\sqrt{Re_x}} \tag{5-85}$$

比较式（5-80）、式（5-82）、式（5-85）可知，在平板边界层中，边界层各种厚度近似存在下述关系：

$$\delta \approx 3\delta^* \approx 8\theta$$

3. 壁面摩擦阻力

1）壁面切应力 τ_w

根据式（5-79）及牛顿内摩擦公式有

$$\tau_\mathrm{w} = \mu\left(\frac{\partial u}{\partial y} + \frac{\partial v}{\partial x}\right)_{y=0} = \mu\left(\frac{\partial u}{\partial y}\right)_{y=0} = \mu U_\infty \sqrt{\frac{U_\infty}{2\nu x}} f''(0)$$

$$= \frac{0.4696}{\sqrt{2}}\rho U_\infty^2 \sqrt{\frac{\mu}{\rho U_\infty x}} = 0.33206\rho U_\infty^2 \frac{1}{\sqrt{Re_x}} \tag{5-86}$$

2）壁面局部摩擦阻力系数 C_f

$$C_f = \frac{\tau_\mathrm{w}}{\dfrac{1}{2}\rho U_\infty^2} = 0.6641\frac{1}{\sqrt{Re_x}} \tag{5-87}$$

3）壁面平均摩擦阻力系数 $C_{\mathrm{D}f}$

设有宽度为 1、长度为 l 的单面平板，其壁面的总摩擦阻力为

$$D_f = \int_0^l \tau_\mathrm{w}\mathrm{d}A = \int_0^l \frac{1}{2}\rho U_\infty^2 C_f \mathrm{d}x \tag{5-88}$$

所以壁面平均摩擦阻力系数为

$$C_{\mathrm{D}f} = \frac{D_f}{\frac{1}{2}\rho U_\infty^2 A} = \frac{\int_0^l \frac{1}{2}\rho U_\infty^2 C_f \mathrm{d}x}{\frac{1}{2}\rho U_\infty^2 l \cdot 1} = \frac{1}{l}\int_0^l C_f \mathrm{d}x$$

$$= 2C_f(l) = 1.3282\frac{1}{\sqrt{Re_l}} \qquad (5\text{-}89)$$

式中，$Re_l = \dfrac{U_\infty l}{\upsilon}$ 是以板长 l 为特征尺寸的雷诺数.

　　壁面平均摩擦阻力系数的求取，是布拉修斯解的突破性成果. 由于在当时的实验条件下，壁面摩擦阻力已可以通过实验获得，现在可通过理论计算求取壁面平均摩擦阻力系数，而且两者完全吻合，所以这一结果对当时的流体力学界是一个震动. 这一结果奠定了布拉修斯解在流体力学发展史上的地位，也肯定了普朗特的边界层理论，使普朗特边界层理论得到广泛认可而成为流体力学发展史上的一个里程碑.

　　最后，讨论一下布拉修斯解的应用范围.

　　第一，布拉修斯方程是从层流状态下的普朗特边界层方程出发，在边界层内为层流状态时得到的. 当 Re_x 大于临界值，流动转为湍流时，布拉修斯解不再适用.

　　第二，布拉修斯解所讨论的是半无限大平板，而实际中使用的平板都是有限的. 由于后缘对流动有影响，严格来说后缘点附近的相似性解不存在. 但是，实验证明后缘点对流场，特别是对摩擦阻力的影响很小，一般可以忽略不计.

　　第三，在前缘点附近是小 Re 数流动. 由于在前缘点 $x = 0$ 处，速度 $u = 0$，因此在前缘点附近 $\dfrac{\partial u}{\partial x}$ 和 $\dfrac{\partial v}{\partial y}$ 同数量级，这样就不满足边界层方程建立时的近似条件. 因此，布拉修斯解对前缘点附近是不适用的. 我国著名科学家郭永怀在 1953 年针对上述问题作了修正，得到了在前缘点附近和实际情况相符合的结果. 他导出的壁面平均摩擦阻力系数的计算公式为

$$C_{\mathrm{D}f} = \frac{1.328}{\sqrt{Re_l}} + \frac{4.10}{Re_l}$$

该公式能在 $Re_l > 10$ 的情况下与实验结果一致，弥补了布拉修斯解在 $Re_l < 100$ 时与实验结果之间产生误差的缺陷.

5.7　绕楔形体流动的弗克纳-斯肯解

5.7.1　弗克纳-斯肯方程的解

　　5.5 节中曾指出，当 $\beta < 1$ 时，为流体绕顶角为 $\beta\pi$ 的二维半无限大楔形体的对称流，此时

$$U_e = ax^m$$

$$g(x) = \sqrt{\frac{2}{1+m}\frac{\upsilon x}{U_e}}$$

$$\eta = \frac{y}{\sqrt{\frac{2}{1+m}\frac{\nu x}{U_e}}}$$

相似性方程

$$f''' + f''f - \beta(f'^2 - 1) = 0 \qquad\qquad （5-90）$$

边界条件为

$$f(0) = f'(0) = 0$$

$$f'(\infty) = 1$$

相似性解方程（5-90）中，f''' 代表黏性力，$f''f$ 代表沿 y 向的惯性力，f'^2 代表沿 x 向的惯性力，β 与 $\frac{dU_e}{dx}$ 有关，表示受压强梯度的影响. 该方程与布拉修斯沿平板流动的相似性方程（5-69）相比，增加了 $\beta(f'^2 - 1)$ 一项，该项就是由沿楔形角流动引起的压强梯度产生的.

式（5-36）中令

$$\beta = \frac{g^2(x)\dfrac{dU_e}{dx}}{\nu}$$

将其改写成

$$\beta = \frac{U_e\dfrac{dU_e}{dx}}{\nu\dfrac{U_e}{g^2}} \qquad\qquad （5-91）$$

公式（5-91）中等式右边分子为 $U_e\dfrac{dU_e}{dx}$，根据伯努利方程，等于 $-\dfrac{1}{\rho}\dfrac{dp}{dx}$，代表压强梯度，分母 $\nu\dfrac{U_e}{g^2}$ 则为压强梯度特征量.

从物面特征看，$\beta = 0$ 相应于沿平板流动，$\beta = 1$ 相应于沿垂直平板流动，或驻点流；$0 < \beta < 1$ 沿楔角流动，$\beta < 0$ 为拐点流，或称为平面减速流.

从压强梯度角度看，$\beta > 0$，$\dfrac{dp}{dx} < 0$，为减压增速，是顺压强梯度流动；$\beta = 0$，$\dfrac{dp}{dx} = 0$ 为等压流动；$\beta < 0$，$\dfrac{dp}{dx} > 0$ 为增压减速，是逆压强梯度流动.

弗克纳-斯肯方程是一个三阶非线性常微分方程，其解析解不易求得，但可以用龙格-库塔法求出其数值解. 弗克纳-斯肯于 1931 年提出该方程. 1937 年哈特里（Hartree）完成了数值求解，其结果如表 5-5 所示. 根据该计算结果可绘出边界层内的速度分布和切应力分布，如图 5-21 和图 5-22 所示.

表 5-5　弗克纳-斯肯方程的解 $u/U_e = f'(\beta,\eta)$ 的值

β ＼ η	−0.1988	−0.19	−0.18	−0.16	−0.14	−0.10	0	0.1	0.2
0.0	0.0000	0.0000	0.0000	0.0000	0.0000	0.0000	0.0000	0.0000	0.0000
0.1	0.0010	0.0095	0.0137	0.0198	0.0246	0.0324	0.0469	0.0582	0.0677
0.2	0.0040	0.0209	0.0293	0.0413	0.0507	0.0659	0.0939	0.1154	0.1334
0.3	0.0089	0.0343	0.0467	0.0643	0.0781	0.1003	0.1408	0.1715	0.1970
0.4	0.0158	0.0495	0.0659	0.0889	0.1069	0.1356	0.1876	0.2265	0.2584
0.5	0.0248	0.0665	0.0868	0.1151	0.1370	0.1718	0.2342	0.2803	0.3177
0.6	0.0358	0.0855	0.1094	0.1427	0.1684	0.2088	0.2806	0.3328	0.3747
0.7	0.0487	0.1063	0.1338	0.1719	0.2010	0.2496	0.3266	0.3839	0.4294
0.8	0.0636	0.1289	0.1598	0.2023	0.2347	0.2849	0.3720	0.4335	0.4816
0.9	0.0803	0.1533	0.1874	0.2341	0.2694	0.3237	0.4167	0.4815	0.5312
1.0	0.0991	0.1794	0.2166	0.2671	0.3050	0.3628	0.4606	0.5274	0.5782
1.2	0.1423	0.2364	0.2791	0.3362	0.3784	0.4415	0.5253	0.6135	0.6640
1.4	0.1927	0.2991	0.3463	0.4083	0.4534	0.5194	0.6244	0.6907	0.7383
1.6	0.2498	0.3665	0.4170	0.4820	0.5284	0.5948	0.6967	0.7583	0.8011
1.8	0.3126	0.4372	0.4896	0.5555	0.6016	0.6660	0.7610	0.8160	0.8528
2.0	0.3802	0.5095	0.5621	0.6269	0.6712	0.7314	0.8167	0.8637	0.8940
2.2	0.4509	0.5814	0.6327	0.6944	0.7354	0.7896	0.8633	0.9019	0.9260
2.4	0.5230	0.6509	0.6995	0.7561	0.7927	0.8398	0.9011	0.9315	0.9500
2.6	0.5946	0.7162	0.7605	0.8107	0.8422	0.8817	0.9306	0.9537	0.9612
2.8	0.6635	0.7754	0.8146	0.8574	0.8836	0.9153	0.9529	0.9697	0.9792
3.0	0.7278	0.8273	0.8607	0.8959	0.9168	0.9413	0.9691	0.9808	0.9873
3.2	0.8158	0.8713	0.8986	0.9265	0.9425	0.9607	0.9804	0.9883	0.9924
3.4	0.8364	0.9071	0.9286	0.9499	0.9616	0.9746	0.9880	0.9931	0.9957
3.6	0.8789	0.9352	0.9515	0.9669	0.9752	0.9841	0.9929	0.9961	0.9976
3.8	0.9132	0.9563	0.9681	0.9789	0.9845	0.9904	0.9959	0.9978	0.9987
4.0	0.9399	0.9716	0.9798	0.9871	0.9907	0.9944	0.9978	0.9988	0.9993
4.2	0.9598	0.9822	0.9876	0.9924	0.9946	0.9969	0.9988	0.9994	0.9996
4.4	0.9741	0.9893	0.9927	0.9957	0.9970	0.9983	0.9994	0.9997	0.9998
4.6	0.9839	0.9938	0.9959	0.9977	0.9984	0.9991	0.9997	0.9998	0.9999
4.8	0.9904	0.9965	0.9978	0.9988	0.9992	0.9996	0.9999	0.9999	
5.0	0.9945	0.9981	0.9988	0.9994	0.9996	0.9998	0.9999		
5.2	0.9969	0.9990	0.9994	0.9997	0.9998	0.9999			
5.4	0.9984	0.9995	0.9997	0.9999	0.9999				
5.6	0.9992	0.9997	0.9999	0.9999					
5.8	0.9996	0.9999	0.9999						
6.0	0.9998	0.9999							
6.2	0.9999								
6.4	1.0000								

续表

η＼β	0.3	0.4	0.5	0.6	0.8	1.0	1.2	1.6	2.0	2.4
0.0	0.0000	0.0000	0.0000	0.0000	0.0000	0.0000	0.0000	0.0000	0.0000	0.0000
0.1	0.0760	0.0834	0.0903	0.0966	0.1080	0.1183	0.1276	0.1441	0.1588	0.1720
0.2	0.1490	0.1628	0.1756	0.1872	0.2081	0.2266	0.2433	0.2726	0.2980	0.3206
0.3	0.2189	0.2382	0.2558	0.2719	0.3003	0.3252	0.3475	0.3859	0.4186	0.4472
0.4	0.2858	0.3097	0.3311	0.3506	0.3848	0.4144	0.4405	0.4849	0.5219	0.5537
0.5	0.3495	0.3771	0.4015	0.4235	0.4619	0.4946	0.5231	0.5708	0.6096	0.6424
0.6	0.4100	0.4403	0.4670	0.4907	0.5317	0.5662	0.5959	0.6446	0.6834	0.7155
0.7	0.4672	0.4994	0.5276	0.5524	0.5947	0.6298	0.6596	0.7076	0.7449	0.7752
0.8	0.5212	0.5545	0.5834	0.6086	0.6512	0.6859	0.7150	0.7610	0.7858	0.8235
0.9	0.5718	0.6055	0.6344	0.6596	0.7015	0.7350	0.7629	0.8058	0.8376	0.8624
1.0	0.6190	0.6526	0.6811	0.7056	0.7460	0.7778	0.8037	0.8432	0.8717	0.8934
1.2	0.7033	0.7351	0.7615	0.7837	0.8194	0.8467	0.8682	0.8997	0.9214	0.9373
1.4	0.7743	0.8027	0.8258	0.8449	0.8748	0.8968	0.9137	0.9375	0.9530	0.9640
1.6	0.8326	0.8568	0.8860	0.8917	0.9154	0.9324	0.9450	0.9620	0.9726	0.9799
1.8	0.8791	0.8988	0.9141	0.9264	0.9443	0.9569	0.9658	0.9775	0.9845	0.9892
2.0	0.9151	0.9305	0.9421	0.9514	0.9644	0.9732	0.9793	0.9871	0.9914	0.9944
2.2	0.9421	0.9537	0.9621	0.9689	0.9779	0.9841	0.9879	0.9928	0.9954	0.9970
2.4	0.9517	0.9700	0.9760	0.9807	0.9867	0.9905	0.9931	0.9961	0.9976	0.9985
2.6	0.9754	0.9812	0.9852	0.9884	0.9922	0.9946	0.9962	0.9980	0.9989	0.9993
2.8	0.9847	0.9886	0.9913	0.9933	0.9956	0.9971	0.9980	0.9990	0.9994	0.9996
3.0	0.9908	0.9933	0.9952	0.9962	0.9976	0.9985	0.9989	0.9995	0.9997	0.9998
3.2	0.9946	0.9962	0.9974	0.9979	0.9987	0.9992	0.9995	0.9998	0.9999	0.9999
3.4	0.9970	0.9979	0.9986	0.9989	0.9993	0.9996	0.9997	0.9999		
3.6	0.9984	0.9989	0.9993	0.9995	0.9997	0.9998	0.9999			
3.8	0.9991	0.9994	0.9994	0.9997	0.9998	0.9999				
4.0	0.9995	0.9997	0.9999	0.9999	0.9999					
4.2	0.9997	0.9999								
4.4	0.9999	0.9999								
4.6	0.9999									
4.8										
5.0										
5.2										
5.4										
5.6										
5.8										
6.0										
6.2										
6.4										

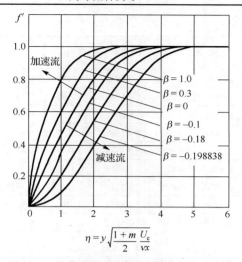

图 5-21　绕楔形体流动边界层内的速度分布

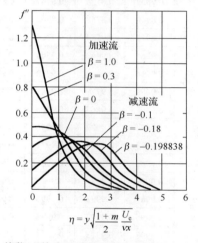

图 5-22　绕楔形体流动边界层内与切应力有关的 f'' 分布

5.7.2　弗克纳-斯肯解的应用

1. 边界层的速度分布

由式（5-31），式（5-32）速度分布

$$u = U_e(x)\frac{\partial f}{\partial \eta} = U_e f'(\beta,\eta) \tag{5-92}$$

$$v = -\sqrt{\frac{1+m}{2}\frac{\nu U_e}{x}}\left[f(\beta,\eta) + \frac{m-1}{m+1}\eta f'(\beta,\eta) \right] \tag{5-93}$$

由于 y 方向的速度分量 v 很小，对流动影响不大，一般可不计算. 而 x 方向的速度分量 u 很重要. 其量纲一值 $u/U_e = f'(\beta,\eta)$ 是以 β 为参变量，η 为变量的曲线簇，如图 5-21 所示. 由图可见，$\beta > 0$ 时，曲线位于 $\beta = 0$ 的曲线左边，是顺压强梯度流动的情况，速度剖面是外凸无拐点的光滑曲线，并随 β 值的增加变得愈来愈饱满；在接近物面处，存在很大的速度

梯度，即 $f''(0)$ 很大，所以不会出现分离. 与此相反，$\beta < 0$ 时的流动曲线，位于 $\beta = 0$ 的曲线右边，是逆压强梯度流动的情况，速度剖面为内凹有拐点的曲线，且随着 β 的绝对值增大，拐点离物面愈远，速度剖面变得愈瘦削. 当 $\beta = -0.1988$ 时，$f''(0) = 0$，即 $\left(\dfrac{\partial u}{\partial y}\right)_{y=0} = 0$，边界层开始分离. 如果 $\beta < -0.1988$，就出现回流.

2. 边界层的各种厚度

1）名义厚度 δ

名义厚度 δ 是 $\dfrac{u}{U_e} = 0.99$ 时的 y 值. 反过来，当 $\dfrac{u}{U_e} = f'(\beta, \eta_\delta) = 0.99$ 时，可根据表 5-6 查得各种 β 值下的 $\eta_\delta(\beta)$，从而根据 $\eta = \dfrac{y}{\sqrt{\dfrac{2}{1+m}\dfrac{\nu x}{U_e}}}$，求得

$$\delta = \eta_\delta(\beta)\sqrt{\frac{2}{1+m}\frac{\nu x}{U_e}} = \eta_\delta(\beta)\sqrt{\frac{2}{1+m}}\frac{x}{\sqrt{Re_x}} \tag{5-94}$$

2）排挤厚度 δ^*

$$\delta^* = \int_0^\infty \left(1 - \frac{u}{U_e}\right)\mathrm{d}y = \int_0^\infty [1 - f'(\beta, \eta)]\sqrt{\frac{2}{1+m}\frac{\nu x}{U_e}}\mathrm{d}\eta \tag{5-95}$$

令

$$A(\beta) = \int_0^\infty [1 - f'(\beta, \eta)]\mathrm{d}\eta \tag{5-96}$$

则

$$\delta^* = A(\beta)\sqrt{\frac{2}{1+m}\frac{\nu x}{U_e}} = A(\beta)\sqrt{\frac{2}{1+m}}\frac{x}{\sqrt{Re_x}} \tag{5-97}$$

式中 $A(\beta)$ 可从表 5-6 中查得.

表 5-6　系数 $\eta_\delta(\beta)$、$A(\beta)$、$B(\beta)$ 和 $f''(\beta, 0)$ 的值

β	$A(\beta)$	$B(\beta)$	$f''(\beta,0)$	$\eta_\delta(\beta)$	β	$A(\beta)$	$B(\beta)$	$f''(\beta,0)$	$\eta_\delta(\beta)$
−0.1988	2.3588	0.5854	0.0000	4.8	0.0500	1.1417	0.4515	0.5311	
−0.195	2.1170	0.5814	0.0552		0.1000	1.0803	0.4355	0.5870	3.3
−0.1900	2.0068	0.5765	0.0857	4.9	0.2000	0.9842	0.4082	0.6867	3.1
−0.1800	1.8716	0.5677	0.1286	4.3	0.3000	0.9110	0.3857	0.7748	3.0
−0.1700	1.7789	0.5600	0.1621		0.4000	0.8526	0.3667	0.8544	2.9
−0.1600	1.7067	0.5522	0.1908	4.1	0.5000	0.8046	0.3503	0.9277	2.7
−0.1500	1.6470	0.5452	0.2164		0.6000	0.7640	0.3360	0.9958	2.6
−0.1400	1.5959	0.5386	0.2397	4.0	0.8000	0.6987	0.3118	1.1203	2.5
−0.1200	1.5113	0.5263	0.2818		1.0000	0.6479	0.2923	1.2326	2.4
−0.1000	1.4427	0.5150	0.3193	3.8	1.2000	0.607	0.276	1.336	2.3
−0.0500	1.3124	0.4905	0.4003		1.6000	0.544	0.250	1.521	2.1
0.0000	1.2168	0.4696	0.4696	3.5	2.0000	0.498	0.231	1.687	2.0

3）动量损失厚度 θ

$$\theta = \int_0^\infty \frac{u}{U_e}\left(1 - \frac{u}{U_e}\right)\mathrm{d}y = \int_0^\infty f'(\beta,\eta)[1 - f'(\beta,\eta)]\sqrt{\frac{2}{1+m}\frac{\nu x}{U_e}}\mathrm{d}\eta \qquad (5\text{-}98)$$

令

$$B(\beta) = \int_0^\infty f'(\beta,\eta)[1 - f'(\beta,\eta)]\mathrm{d}\eta \qquad (5\text{-}99)$$

则

$$\theta = B(\beta)\sqrt{\frac{2}{1+m}\frac{\nu x}{U_e}} = B(\beta)\sqrt{\frac{2}{1+m}}\frac{x}{\sqrt{Re_x}} \qquad (5\text{-}100)$$

式中 $B(\beta)$ 可从表 5-6 查得.

3. 壁面摩擦阻力

1）壁面切应力 τ_w

$$\tau_w = \mu\left(\frac{\partial u}{\partial y}\right)_{y=0} = \mu U_e f''(\beta,0)\sqrt{\frac{1+m}{2}\frac{U_e}{\nu x}} = \rho U_e^2\sqrt{\frac{1+m}{2}}f''(\beta,0)\frac{1}{\sqrt{Re_x}} \qquad (5\text{-}101)$$

2）局部摩擦阻力系数 C_f

$$C_f = \frac{\tau_w}{\frac{1}{2}\rho U_e^2} = 2\sqrt{\frac{1+m}{2}}f''(\beta,0)\frac{1}{\sqrt{Re_x}} \qquad (5\text{-}102)$$

式中 $f''(\beta,0)$ 可从表 5-6 中查得.

对于绕楔形角流动，$U_e = ax^m$，将此表达式代入上述 δ、δ^*、θ 和 τ_w 的计算中，可得

$$\delta = \eta_\delta(\beta)\sqrt{\frac{2\nu}{(1+m)a}}x^{\frac{1-m}{2}} \qquad (5\text{-}103)$$

$$\delta^* = A(\beta)\sqrt{\frac{2\nu}{(1+m)a}}x^{\frac{1-m}{2}} \qquad (5\text{-}104)$$

$$\theta = B(\beta)\sqrt{\frac{2\nu}{(1+m)a}}x^{\frac{1-m}{2}} \qquad (5\text{-}105)$$

$$\tau_w = f''(\beta,0)\sqrt{\frac{(1+m)a^3\mu\rho}{2}}x^{\frac{3m-1}{2}} \qquad (5\text{-}106)$$

由式（5-103）～式（5-106）可知，$m<1$ 时边界层各种厚度沿流动方向增长，而 $m>1$ 时沿流动方向减小，$m=1$ 时保持不变；$m<\frac{1}{3}$ 时壁面切应力随 x 的增长而下降，而 $m>\frac{1}{3}$ 时壁面切应力随 x 的增长而上升，$m=\frac{1}{3}$ 时保持不变.

　　当 $\beta = 0$ ，$m = 0$ ，$U_e(x) = U_\infty =$ 常数时，是零度角沿平板的绕流问题，这时弗克纳-斯肯方程转变为布拉修斯方程.

　　当 $\beta = 1$ ，$m = 1$ ，$U_e = ax$ 时，楔形体顶角 $\gamma = \pi$. 这相当于绕垂直平板或绕钝形物体前缘点附近的二维流动. 5.5.3 节列出了此情形下的边界层相似性方程.

$$f''' + ff'' - f'^2 + 1 = 0$$

$$f(0) = f'(0) = 0$$

$$f'(\infty) = 1$$

其解已示于表 5-5 和表 5-6 中，只是此时 $\beta = 1$ ，$U_e = ax$ ，其 δ 、δ^* 、θ 和 C_f 的表达式如以下各式所示：

$$\delta = \eta_\delta(1)\sqrt{\frac{\nu x}{U_e}} = \eta_\delta(1)\sqrt{\frac{\nu}{a}} \qquad (5\text{-}107)$$

$$\delta^* = A(1)\sqrt{\frac{\nu x}{U_e}} = A(1)\sqrt{\frac{\nu}{a}} \qquad (5\text{-}108)$$

$$\theta = B(1)\sqrt{\frac{\nu x}{U_e}} = B(1)\sqrt{\frac{\nu}{a}} \qquad (5\text{-}109)$$

$$C_f = 2f''(1,0)\frac{1}{\sqrt{Re_x}} = f''(1,0)\sqrt{\frac{\nu}{a}}\frac{2}{x} \qquad (5\text{-}110)$$

可见，在绕钝头柱体前驻点附近或绕垂直平板的二维流动中，边界层厚度 δ 与 x 无关，为常数. 因此，前驻点 $x = 0$ 处边界层厚度 δ 不为零.

第6章　层流边界层积分关系式解法

第5章介绍的相似性解只有在边界层内的速度分布存在相似时才能得到，即只有 $f(\eta,\zeta,x)$ 仅与 η 有关时才能求得相似性解，因而只能解决数量不多的绕流问题，大量的绕流问题仍不能解决. 随着计算技术的发展，用数值计算求解普朗特方程已得到应用，但十分繁杂，因而像动量积分关系式解法一类的近似解法应运而生，而且得到广泛应用.

应该看到，严格来讲，相似性解并不是解析解，而是满足相似条件的普朗特边界层方程化简后求得的数值解. 之所以将其称为精确解，是因为其直接对相似性微分方程求解，流场内每个微元体都满足相似性微分方程. 而本章通过动量积分关系式解法求得的结果，仅要求其对控制体总体成立，在控制体表面上满足边界条件，并不对控制体内部每个微元体提要求，所以将其称为近似解法.

6.1　卡门边界层动量积分关系式

在"工程流体力学"中，已通过对控制体运用动量定理推导出边界层动量积分关系式. 本章则直接从普朗特边界层微分方程推导出卡门边界层动量积分关系式.

二维定常不可压缩流体的边界层微分方程为

$$u\frac{\partial u}{\partial x}+v\frac{\partial u}{\partial y}=U_{\mathrm{e}}\frac{\mathrm{d}U_{\mathrm{e}}}{\mathrm{d}x}+\upsilon\frac{\partial^2 u}{\partial y^2} \tag{6-1}$$

$$\frac{\partial u}{\partial x}+\frac{\partial v}{\partial y}=0 \tag{6-2}$$

对式（6-1）左边加上 $u\left(\dfrac{\partial u}{\partial x}+\dfrac{\partial v}{\partial y}\right)=0$，并考虑到 $\tau=\mu\dfrac{\partial u}{\partial y}$，得

$$u\frac{\partial u}{\partial x}+u\frac{\partial u}{\partial x}+u\frac{\partial v}{\partial y}+v\frac{\partial u}{\partial y}=U_{\mathrm{e}}\frac{\mathrm{d}U_{\mathrm{e}}}{\mathrm{d}x}+\frac{1}{\rho}\frac{\partial\tau}{\partial y}$$

即

$$\frac{\partial(u^2)}{\partial x}+\frac{\partial(uv)}{\partial y}=U_{\mathrm{e}}\frac{\mathrm{d}U_{\mathrm{e}}}{\mathrm{d}x}+\frac{1}{\rho}\frac{\partial\tau}{\partial y} \tag{6-3}$$

对式（6-2）各项乘 U_{e}，并在等号两边同时加上 $u\dfrac{\mathrm{d}U_{\mathrm{e}}}{\mathrm{d}x}$，得

$$U_{\mathrm{e}}\frac{\partial u}{\partial x}+u\frac{\mathrm{d}U_{\mathrm{e}}}{\mathrm{d}x}+U_{\mathrm{e}}\frac{\partial v}{\partial y}=u\frac{\mathrm{d}U_{\mathrm{e}}}{\mathrm{d}x} \tag{6-4}$$

考虑到 $\dfrac{\partial U_{\mathrm{e}}}{\partial y}=0$，可将上式写成

$$\frac{\partial}{\partial x}(U_e u) + \frac{\partial}{\partial y}(U_e v) = u \frac{dU_e}{dx} \tag{6-5}$$

式（6-5）减去式（6-3），得

$$\frac{\partial}{\partial x}[u(U_e - u)] + \frac{\partial}{\partial y}[v(U_e - u)] = (u - U_e)\frac{dU_e}{dx} - \frac{1}{\rho}\frac{\partial \tau}{\partial y} \tag{6-6}$$

将式（6-6）求 $0 \sim \infty$ 对 y 积分，得

$$\int_0^\infty \frac{\partial}{\partial x}[u(U_e - u)]dy + \int_0^\infty \frac{\partial}{\partial y}[v(U_e - u)]dy + \int_0^\infty (U_e - u)\frac{dU_e}{dx}dy = -\int_0^\infty \frac{1}{\rho}\frac{\partial \tau}{\partial y}dy \tag{6-7}$$

式（6-7）中左边第二项积分后为 $v(U_e - u)\big|_0^\infty$，取上限时 $U_e = u$，取下限时 $v = 0$，故为零；

右边一项积分为 $-\upsilon \frac{\partial u}{\partial y}\big|_0^\infty$，取上限时 $\frac{\partial u}{\partial y} = 0$，取下限时为 $\frac{\tau_w}{\rho}$，所以式（6-7）为

$$\frac{d}{dx}\int_0^\infty [u(U_e - u)]dy + \frac{dU_e}{dx}\int_0^\infty (U_e - u)dy = \frac{\tau_w}{\rho}$$

即

$$\frac{d}{dx}U_e^2\int_0^\infty \frac{u}{U_e}\left(1 - \frac{u}{U_e}\right)dy + \frac{dU_e}{dx}U_e\int_0^\infty \left(1 - \frac{u}{U_e}\right)dy = \frac{\tau_w}{\rho} \tag{6-8}$$

式中

$$\int_0^\infty \frac{u}{U_e}\left(1 - \frac{u}{U_e}\right)dy = \theta, \quad \int_0^\infty \left(1 - \frac{u}{U_e}\right)dy = \delta^*$$

式（6-8）成为

$$\frac{d}{dx}(U_e^2 \theta) + U_e \frac{dU_e}{dx}\delta^* = \frac{\tau_w}{\rho} \tag{6-9}$$

展开得

$$U_e^2 \frac{d\theta}{dx} + 2\theta U_e \frac{dU_e}{dx} + U_e \frac{dU_e}{dx}\delta^* = \frac{\tau_w}{\rho}$$

即

$$\frac{d\theta}{dx} + (\delta^* + 2\theta)\frac{1}{U_e}\frac{dU_e}{dx} = \frac{\tau_w}{\rho U_e^2} \tag{6-10}$$

令 $H = \frac{\delta^*}{\theta}$，$\frac{\tau_w}{\rho U_e^2} = \frac{C_f}{2}$，则

$$\frac{d\theta}{dx} + (H + 2)\frac{\theta}{U_e}\frac{dU_e}{dx} = \frac{C_f}{2} \tag{6-11}$$

式（6-10）或式（6-11）是卡门在 1921 年根据动量定理首先推导得到的，故称为卡门

动量积分关系式. 式中含有三个未知量 $\delta^*, \theta, \tau_{\mathrm{w}}$ 或 H, θ, C_f，因此方程不封闭，要取得唯一解，还必须再寻找两个补充关系式. 但

$$\theta = \int_0^\infty \frac{u}{U_{\mathrm{e}}}\left(1 - \frac{u}{U_{\mathrm{e}}}\right)\mathrm{d}y, \quad \delta^* = \int_0^\infty \left(1 - \frac{u}{U_{\mathrm{e}}}\right)\mathrm{d}y, \quad \tau_{\mathrm{w}} = \mu \frac{\partial u}{\partial y}\bigg|_{y=0}$$

可见，只要知道了边界层内的速度分布，就可通过卡门动量积分关系式和上述三个方程式求取边界层的各物理量. 但边界层内的速度分布是未知的. 不过我们能够根据已知的边界层流动的边界条件，用只包括一个未知参数的函数簇来近似表示边界层的速度剖面. 这个与速度剖面相关的未知参数称为型参数. 有了这个预先设定的且以型参数为未知量的速度剖面函数，就可以通过上述三个方程式得到 $\delta^*, \theta, \tau_{\mathrm{w}}$ 与此型参数之间的关系式，再代入动量积分关系式，解得这个未知参数，从而求得边界层内的速度分布，并由此获得边界层的各物理量.

6.2　单参数速度剖面和相容边界条件

6.2.1　单参数速度剖面

有相似性解的边界层方程，量纲一速度分布 $\dfrac{u}{U_{\mathrm{e}}}$ 为 $\eta = \dfrac{y}{\delta}$ 的一元函数. 即

$$\frac{u}{U_{\mathrm{e}}} = f\left(\frac{y}{\delta}\right)$$

在不具有相似性解的定常边界层问题中，量纲一速度分布 $\dfrac{u}{U_{\mathrm{e}}}$ 同时是 $\dfrac{y}{\delta}$ 和 $\dfrac{x}{L}$ 的函数. 即

$$\frac{u}{U_{\mathrm{e}}} = f\left(\frac{y}{\delta}, \frac{x}{L}\right)$$

这个量纲一速度，在动量积分关系式解法中常用多项式去逼近.

$$\frac{u}{U_{\mathrm{e}}} = a_0\left(\frac{x}{L}\right) + a_1\left(\frac{x}{L}\right)\eta + a_2\left(\frac{x}{L}\right)\eta^2 + a_3\left(\frac{x}{L}\right)\eta^3 + \cdots \tag{6-12}$$

式中，$a_0\left(\dfrac{x}{L}\right)$，$a_1\left(\dfrac{x}{L}\right)$，$a_2\left(\dfrac{x}{L}\right)$，$\cdots$ 为待定系数，可用边界条件确定. 而且这些待定系数可通过以下求得的相容边界条件中的某个特定参数联系起来. 这个联系各待定系数的特定参数就称为型参数. 而包含型参数的多项式速度分布就称为单参数速度剖面.

6.2.2　相容边界条件

对于二维定常边界层流动，普朗特边界层方程及其边界条件为

$$\begin{cases} u\dfrac{\partial u}{\partial x}+v\dfrac{\partial u}{\partial y}=U_{\mathrm{e}}U_{\mathrm{e}}'+\upsilon\dfrac{\partial^2 u}{\partial y^2} \\[2mm] \dfrac{\partial u}{\partial x}+\dfrac{\partial v}{\partial y}=0 \end{cases} \tag{6-13a}$$

$$\begin{cases} y=0,\quad u=v=0,\quad \dfrac{\partial u}{\partial y}=\dfrac{\tau_{\mathrm{w}}}{\mu} \\[2mm] y=\delta,\quad \dfrac{u}{U_{\mathrm{e}}}=1,\quad \dfrac{\partial u}{\partial y}=0 \end{cases} \tag{6-13b}$$

对于式（6-12）中的各待定系数，只凭以上各边界条件还不足以确定，为此，依靠普朗特边界层方程，寻找与已知边界条件相一致的速度高阶导数所满足的边界条件. 这些边界条件称为相容边界条件.

　　将 $y=0$ ，$u=0$ ，$v=0$ 代入运动方程，得

$$\left.\frac{\partial^2 u}{\partial y^2}\right|_{y=0}=-\frac{U_{\mathrm{e}}U_{\mathrm{e}}'}{\upsilon} \tag{6-14}$$

将 $y=\delta$ ，$\dfrac{u}{U_{\mathrm{e}}}=1$ ，$\dfrac{\partial u}{\partial y}=0$ 代入运动方程，得

$$U_{\mathrm{e}}U_{\mathrm{e}}'=U_{\mathrm{e}}U_{\mathrm{e}}'+\upsilon\left(\frac{\partial^2 u}{\partial y^2}\right)_{y=\delta} \tag{6-15}$$

即

$$\upsilon\left(\frac{\partial^2 u}{\partial y^2}\right)_{y=\delta}=0$$

将运动方程两边对 y 求导，可得

$$\frac{\partial u}{\partial y}\left(\frac{\partial u}{\partial x}+\frac{\partial v}{\partial y}\right)+u\frac{\partial}{\partial x}\left(\frac{\partial u}{\partial y}\right)+v\frac{\partial^2 u}{\partial y^2}=\upsilon\frac{\partial^3 u}{\partial y^3} \tag{6-16}$$

　　由连续性方程，式（6-16）等号左边第一项为零. 同时，在 $y=0$ 处，$u=0$ ，$v=0$ ，在 $y=\delta$ 处，$\dfrac{\partial u}{\partial y}=0$ ，$\dfrac{\partial^2 u}{\partial y^2}=0$ ，所以由式（6-16）可得

$$\left(\frac{\partial^3 u}{\partial y^3}\right)_{y=0}=0,\quad \left(\frac{\partial^3 u}{\partial y^3}\right)_{y=\delta}=0 \tag{6-17}$$

将运动方程继续对 y 求导数，可进一步得到

$$\left(\frac{\partial^4 u}{\partial y^4}\right)_{y=\delta}=0 \tag{6-18}$$

总结以上各式，可将相容边界条件，即速度的高阶导数的边界条件归纳为

$$y = 0, \quad \frac{\partial^2 u}{\partial y^2} = -\frac{U_e U_e'}{\upsilon}, \quad \frac{\partial^3 u}{\partial y^3} = 0, \quad \cdots \tag{6-19a}$$

$$y = \delta, \quad \frac{\partial^2 u}{\partial y^2} = \frac{\partial^3 u}{\partial y^3} = \frac{\partial^4 u}{\partial y^4} = \cdots = 0 \tag{6-19b}$$

在所有上述相容边界条件中，由式（6-14）所反映的相容边界条件最重要．因为它是唯一的非零相容边界条件，而且后面可以看到，U_e' 代表了压强梯度的影响．在选取多项式去逼近真实速度分布函数时，常选取此相容边界条件或它的变化形式作为型参数，将各待定系数联系起来．

6.3　绕曲面流动的边界层动量积分关系式解法

6.3.1　卡门-波尔豪森单参数方法

1921 年卡门和波尔豪森（Pohlhausen）提出了单参数法的最初形式，尽管在此基础上单参数法得到了很大发展，但由于他们提出的这个最初形式是单参数法的基础，而且物理概念清晰，所以至今仍是边界层理论不可或缺的教学内容．

波尔豪森利用卡门动量积分关系式求解曲面边界层问题，取四次多项式来逼近边界层的真实速度分布，即

$$\frac{u}{U_e} = f\left(\frac{x}{L}, \eta\right) = a_0\left(\frac{x}{L}\right) + a_1\left(\frac{x}{L}\right)\eta + a_2\left(\frac{x}{L}\right)\eta^2 + a_3\left(\frac{x}{L}\right)\eta^3 + a_4\left(\frac{x}{L}\right)\eta^4 \tag{6-20}$$

式中 $\eta = \dfrac{y}{\delta}$．由普朗特边界层方程的边界条件得

$$\eta = 0, \quad \frac{u}{U_e} = 0$$

$$\eta = 1, \quad \frac{u}{U_e} = 1, \quad \frac{\partial}{\partial \eta}\left(\frac{u}{U_e}\right) = 0 \tag{6-21}$$

同时，由相容边界条件，式（6-19）得

$$\eta = 0, \quad \frac{\partial^2}{\partial \eta^2}\left(\frac{u}{U_e}\right) = -\frac{\delta^2}{\upsilon}U_e'$$

$$\eta = 1, \quad \frac{\partial^2}{\partial \eta^2}\left(\frac{u}{U_e}\right) = 0 \tag{6-22}$$

将式（6-21）、式（6-22）代入式（6-20），可得

$$\eta = 0, \quad \frac{u}{U_e} = 0 \Rightarrow a_0 = 0 \tag{6-23}$$

$$\frac{\partial^2}{\partial \eta^2}\left(\frac{u}{U_e}\right) = -\frac{\delta^2}{\upsilon}U_e' \Rightarrow a_2 = -\frac{1}{2}\frac{\delta^2}{\upsilon}U_e' \tag{6-24}$$

$$\eta = 1,\quad \frac{u}{U_e} = 1 \Rightarrow a_0 + a_1 + a_2 + a_3 + a_4 = 1 \tag{6-25}$$

$$\frac{\partial}{\partial \eta}\left(\frac{u}{U_e}\right) = 0 \Rightarrow a_1 + 2a_2 + 3a_3 + 4a_4 = 0 \tag{6-26}$$

$$\frac{\partial^2}{\partial \eta^2}\left(\frac{u}{U_e}\right) = 0 \Rightarrow 2a_2 + 6a_3 + 12a_4 = 0 \tag{6-27}$$

式（6-23）～式（6-27）中，式（6-24）所表达的内容最丰富，它表示了速度剖面中与 $\frac{x}{L}$ 相关的待定系数可通过与压强梯度 $\frac{\mathrm{d}p}{\mathrm{d}x}$ 相关的量 U_e' 来表示.

波尔豪森令

$$\varLambda = \frac{\delta^2}{\upsilon}U_e' \tag{6-28}$$

根据伯努利方程 $U_e\dfrac{\mathrm{d}U_e}{\mathrm{d}x} = -\dfrac{1}{\rho}\dfrac{\mathrm{d}p}{\mathrm{d}x}$，式（6-28）可改写成

$$\varLambda = \frac{\delta^2}{\upsilon}U_e' = \frac{-\dfrac{\mathrm{d}p}{\mathrm{d}x}\delta}{\dfrac{\mu U_e}{\delta}} \tag{6-29}$$

式（6-29）表示 $\varLambda$ 的物理意义为压强差与黏性力之比. 另一方面，由式（6-28）可得

$$\delta = \sqrt{\frac{\upsilon\varLambda}{U_e'}} \tag{6-30}$$

式（6-30）表示参数 $\varLambda$ 和边界层名义厚度 δ 互相依赖. 将式（6-28）代入式（6-24）～式（6-27），可依次解得各待定系数

$$a_0 = 0$$

$$a_1 = 2 + \frac{\varLambda}{6}$$

$$a_2 = -\frac{\varLambda}{2}$$

$$a_3 = -2 + \frac{\varLambda}{2}$$

$$a_4 = 1 - \frac{\varLambda}{6}$$

把这些系数代入式（6-20），经整理可得速度剖面的形式为

$$\frac{u}{U_e} = f(\eta, \Lambda) = (2\eta - 2\eta^3 + \eta^4) + \frac{\Lambda}{6}(\eta - 3\eta^2 + 3\eta^3 - \eta^4) \qquad (6\text{-}31)$$

令

$$F(\eta) = 2\eta - 2\eta^3 + \eta^4 \qquad (6\text{-}32a)$$

$$G(\eta) = \frac{1}{6}(\eta - 3\eta^2 + 3\eta^3 - \eta^4) \qquad (6\text{-}32b)$$

则式（6-31）可以简写为

$$\frac{u}{U_e} = f(\eta, \Lambda) = F(\eta) + \Lambda G(\eta) \qquad (6\text{-}33)$$

式（6-31）或式（6-33）就是以 Λ 为单参数的速度剖面族. 当 Λ 确定以后，$f(\eta, \Lambda)$ 就完全确定. 因此，通常称 Λ 为波尔豪森型参数，它表示压强梯度对流动的影响. 图 6-1 给出了函数 $F(\eta)$ 和 50 倍的 $G(\eta)$ 曲线. 图 6-2 给出了波尔豪森型参数 Λ 取某些典型值时式（6-33）所表示的边界层速度剖面族.

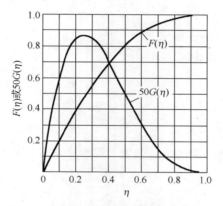

图 6-1　函数 $F(\eta)$ 和 50 倍的 $G(\eta)$ 曲线

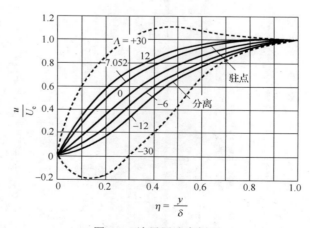

图 6-2　边界层速度剖面

　　从图 6-2 可知：当 $\Lambda = 0$ 时，由式（6-29）得 $\dfrac{\mathrm{d}p}{\mathrm{d}x} = 0$，相当于沿没有压强梯度的平板的流动，此时速度分布函数 $f(\eta) = F(\eta)$；当 $\Lambda > 0$ 时，由式（6-29）得 $\dfrac{\mathrm{d}U_e}{\mathrm{d}x} > 0$ 或 $\dfrac{\mathrm{d}p}{\mathrm{d}x} < 0$，相当于沿减压增速的物面流动，这时的速度分布曲线 $f(\eta, \Lambda)$ 高于曲线 $F(\eta)$；当 $\Lambda < 0$ 时，由式（6-29）得 $\dfrac{\mathrm{d}U_e}{\mathrm{d}x} < 0$ 或 $\dfrac{\mathrm{d}p}{\mathrm{d}x} > 0$，相当于沿增压减速的物面流动，这时的速度分布曲线 $f(\eta, \Lambda)$ 低于曲线 $F(\eta)$.

　　另外，结合图 6-2 和边界层流动的基本条件可知 Λ 有一定的取值范围. 首先，$\Lambda > 0$ 时，速度分布曲线 $f(\eta, \Lambda)$ 将因 Λ 为正而由 $\Lambda = 0$ 时的 $f(\eta, 0) = F(\eta)$ 增加到 $f(\eta, \Lambda) = F(\eta) + \Lambda G(\eta)$，使 $\dfrac{u}{U_e}$ 曲线向上凸起. 但 Λ 的增加是有限制的，它必须满足边界层内 $0 < \dfrac{u}{U_e} < 1$ 的速度剖面随 η 单调上升的条件. 如图中虚线所示的 $\Lambda = 30$，速度剖面不是单调上升的现象是不存在的，所以 Λ 取值应有一定的范围.

　　按照单调上升的要求，$\eta < 1$ 时，总有速度剖面的斜率 $\dfrac{\partial u}{\partial y} > 0$ 或 $\dfrac{\partial f}{\partial \eta} > 0$. 由于

$$\frac{\partial f}{\partial \eta} = (1-\eta)^2 \left[2 + 4\eta + \frac{\Lambda}{6}(1 - 4\eta) \right]$$

当 $\eta < 1$ 时，$\dfrac{\partial f}{\partial \eta} > 0$，则

$$2 + 4\eta + \frac{\Lambda}{6}(1 - 4\eta) > 0$$

当且仅当 $\eta \geqslant 1$ 时，即进入边界层外沿或超出边界层时，才有

$$2 + 4\eta + \frac{\Lambda}{6}(1 - 4\eta) = 0$$

由上式，得

$$\eta = \frac{2 + \dfrac{\Lambda}{6}}{\dfrac{2}{3}\Lambda - 4}$$

而此时应 $\eta \geqslant 1$，所以有

$$\eta = \frac{2 + \dfrac{\Lambda}{6}}{\dfrac{2}{3}\Lambda - 4} \geqslant 1$$

由此解得

$$\Lambda \leqslant 12$$

因此 $\Lambda = 12$ 是 Λ 取值的上限. $\Lambda > 12$ 的速度剖面实际中是不存在的.

　　其次 $\Lambda < 0$ 时，速度分布曲线 $f(\eta, \Lambda)$ 将因 Λ 为负而由 $\Lambda = 0$ 时的 $f(\eta, 0) = F(\eta)$ 减小到

$f(\eta, \Lambda) = F(\eta) - |\Lambda| G(\eta)$，使 $\dfrac{u}{U_e}$ 曲线向下收缩. 但 Λ 的减小也是有限制的，它必须适应普朗特边界层理论的适用范围. 由边界层分离条件，在分离点 S 处有 $\left(\dfrac{\partial u}{\partial y}\right)_{y=0} = 0$，即

$$\left(\frac{\partial u}{\partial y}\right)_{y=0} = \frac{U_e}{\delta}\left(\frac{\partial f}{\partial \eta}\right)_{\eta=0} = \frac{U_e}{\delta}\left(2 + \frac{\Lambda}{6}\right) = 0$$

故得

$$\Lambda = \Lambda_S = -12$$

因此，图 6-2 中的 $\Lambda = -12$ 曲线就是边界层开始分离的速度剖面. $\Lambda < -12$ 时流动进入分离区. 虽然可以画出诸如 $\Lambda = -30$ 那样的速度剖面，但进入分离区后普朗特边界层理论就不再适用. 根据以上分析，可知 Λ 的变化范围为

$$-12 \leqslant \Lambda \leqslant 12 \tag{6-34}$$

上面讨论了 Λ 的取值范围以及 Λ 对边界层速度剖面取值的影响. 而对于某个具体的流动，Λ 应是确定的，因此，需将式（6-31）所展示的速度剖面代入卡门动量积分关系式

$$\frac{\mathrm{d}\theta}{\mathrm{d}x} + (2\theta + \delta^*)\frac{U_e'}{U_e} = \frac{\tau_w}{\rho U_e^2} \tag{6-10}$$

来确定 Λ 的取值.

为此按照式（6-31）所给出的速度剖面 $f(\eta, \Lambda)$ 计算 δ^*，θ 及 τ_w.

$$\begin{cases} \dfrac{\delta^*}{\delta} = \displaystyle\int_0^1 [1 - f(\eta, \Lambda)]\mathrm{d}\eta = \frac{3}{10} - \frac{\Lambda}{120} \\[2mm] \dfrac{\theta}{\delta} = \displaystyle\int_0^1 f(\eta, \Lambda)[1 - f(\eta, \Lambda)]\mathrm{d}\eta = \frac{37}{315} - \frac{\Lambda}{945} - \frac{\Lambda^2}{9072} \\[2mm] \dfrac{\tau_w \delta}{\mu U_e} = \left(\dfrac{\partial f}{\partial \eta}\right)_{\eta=0} = 2 + \frac{\Lambda}{6} \end{cases} \tag{6-35}$$

而根据式（6-30），

$$\delta = \sqrt{\frac{\upsilon \Lambda}{U_e'}}$$

将式（6-30）和式（6-35）代入动量积分关系式（6-10），经过整理可得有关 Λ 的一阶常微分方程.

$$\frac{\mathrm{d}\Lambda}{\mathrm{d}x} = \frac{U_e'}{U_e}g(\Lambda) + \frac{U_e''}{U_e'}K(\Lambda) \tag{6-36}$$

式中

$$g(\Lambda) = \frac{15120 - 2784\Lambda + 79\Lambda^2 + \dfrac{5}{3}\Lambda^3}{(12 - \Lambda)\left(37 + \dfrac{25}{12}\Lambda\right)} \tag{6-37}$$

$$K(\Lambda) = \frac{444\Lambda - 4\Lambda^2 - \dfrac{5}{12}\Lambda^3}{(12 - \Lambda)\left(37 + \dfrac{25}{12}\Lambda\right)} \tag{6-38}$$

但方程（6-36）的求解有困难，因为该方程存在两个奇点，不能积分. 一个奇点在 $x = 0$ 处，此时 $U_e = 0$；另一个奇点在压强的极值点 $x = x_m$ 处，此时 $U_e' = 0$. 为此后人对卡门-波尔豪森方法作了改进.

6.3.2　霍斯汀的改进

1940 年，霍斯汀（Holstein）和博伦（Bohlen）针对上述问题，对波尔豪森型参数 Λ 作了修正. 他们经过研究发现，若在式（6-27）中用动量损失厚度 θ 代替边界层名义厚度 δ 定义型参数，并改用符号 λ 表示，则由此得到的常微分方程将不出现 U_e 的二阶导数，使关于 λ 的微分方程比较容易求解. 为此，他们在动量积分关系式（6-11）两边同时乘上 $\dfrac{U_e\theta}{\upsilon}$，则得到

$$\frac{U_e\theta\theta'}{\upsilon} + (H + 2)\frac{U_e'\theta^2}{\upsilon} = \frac{\tau_w\theta}{\mu U_e} \tag{6-39}$$

式中 $\theta' = \dfrac{\mathrm{d}\theta}{\mathrm{d}x}$.

令

$$Z^* = \frac{\theta^2}{\upsilon} \tag{6-40}$$

$$\lambda = \frac{\theta^2}{\upsilon}U_e' = Z^*U_e' = \left(\frac{\theta}{\delta}\right)^2\Lambda \tag{6-41}$$

由式（6-35）和式（6-41）可得 λ 与 Λ 的关系为

$$\lambda = \left(\frac{37}{315} - \frac{\Lambda}{945} - \frac{\Lambda^2}{9072}\right)^2\Lambda \tag{6-42}$$

由式（6-35）得

$$\frac{\delta^*}{\theta} = \frac{\dfrac{3}{10} - \dfrac{\Lambda}{120}}{\dfrac{37}{315} - \dfrac{\Lambda}{945} - \dfrac{\Lambda^2}{9072}} = H(\lambda) \tag{6-43}$$

$$\frac{\tau_w\theta}{\mu U_e} = \frac{\tau_w\delta}{\mu U_e}\cdot\frac{\theta}{\delta} = \left(2 + \frac{\Lambda}{6}\right)\left(\frac{37}{315} - \frac{\Lambda}{945} - \frac{\Lambda^2}{9072}\right)^2 = T(\lambda) \tag{6-44}$$

将式（6-40）～式（6-44）代入式（6-39），则得

$$U_e\frac{\mathrm{d}Z^*}{\mathrm{d}x} + 2[H(\lambda) + 2]\lambda = 2T(\lambda) \tag{6-45}$$

若令

$$F(\lambda) = 2T(\lambda) - 2[H(\lambda) + 2]\lambda \qquad (6\text{-}46)$$

则式（6-45）成为

$$\frac{\mathrm{d}Z^*}{\mathrm{d}x} = \frac{F(\lambda)}{U_e} \qquad (6\text{-}47)$$

式（6-47）仍是一个 Z^* 的一阶非线性常微分方程，但这个方程只包含 U_e 及其一阶导数 U_e'，与式（6-46）相比要简单得多．图 6-3 和表 6-1 给出了式（6-42）～式（6-44）和式（6-46）所确定的函数 $\Lambda(\lambda)$、$H(\lambda)$、$T(\lambda)$ 及 $F(\lambda)$ 的曲线和取值.

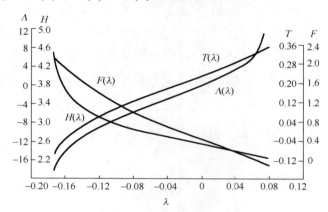

图 6-3　函数 $\Lambda(\lambda)$、$H(\lambda)$、$T(\lambda)$ 及 $F(\lambda)$ 曲线

表 6-1　卡门–波尔豪森方法中求解方程（6-47）所用函数 $\Lambda(\lambda)$、$H(\lambda)$、$T(\lambda)$ 及 $F(\lambda)$

λ	Λ	H	T	F	$\mathrm{d}H/\mathrm{d}\lambda$
0.0948	12	2.25	0.356	−0.095	−3.83
0.0941	11	2.25	0.354	−0.091	−3.59
0.0919	10	2.26	0.351	−0.091	−3.39
0.0832	9	2.27	0.346	−0.061	−3.27
0.0831	8	2.29	0.340	−0.033	−3.18
0.0770	7.052	2.31	0.332	0	−3.12
0.0767	7	2.31	0.331	+0.002	−3.11
0.0689	6	2.33	0.321	0.046	−3.08
0.0599	5	2.36	0.310	0.098	−3.07
0.0497	4	2.39	0.297	0.158	−3.10
0.0385	3	2.43	0.283	0.226	−3.15
0.0264	2	2.47	0.268	0.300	−3.22
0.0135	1	2.51	0.252	0.372	−3.33
0.0000	0	2.55	0.235	0.470	−3.47

续表

λ	$\varLambda$	H	T	F	$\mathrm{d}H/\mathrm{d}\lambda$
-0.0140	-1	2.60	0.217	0.563	-3.65
0.0284	-2	2.66	0.199	0.662	-3.88
0.0429	-3	2.72	0.179	0.764	-4.15
0.0575	-4	2.78	0.160	0.870	-4.49
-0.0720	-5	2.85	0.140	0.978	-4.91
0.0862	-6	2.92	0.119	1.085	-5.43
0.0999	-7	3.00	0.100	1.198	-6.09
0.1130	-8	3.08	0.079	1.308	-6.91
0.1254	-9	3.18	0.059	1.417	-7.98
-0.1369	-10	3.28	0.039	1.523	-9.38
0.1474	-11	3.38	0.019	1.625	-11.30
0.1567	-12	3.50	0	1.724	-13.96
0.1648	-13	3.63	-0.019	1.816	
0.1715	-14	3.77	-0.037	1.902	
-0.1767	-15	3.92	-0.054	1.982	
0.1803	-16	4.08	-0.071	2.044	
0.1824	-17	4.26	-0.086	2.111	
0.1829	-17.76	4.41	-0.097	2.152	

如果给定具体问题的边界条件，可用数值方法积分式（6-47）. 对于式（6-47）的求解，可以分尖前缘体和钝前缘体两种情况讨论. 对于尖前缘点物体，在 $x=0$ 处 $\theta=0$ ，因而 $Z^{*}=0$ ，$\lambda_{0}=\varLambda_{0}=0$. 由表 6-1 知，$F(0)=0.47$ ，积分式（6-47）在起点的边界条件为

$$x=0： \quad Z^{*}=0$$

$$\left(\frac{\mathrm{d}Z^{*}}{\mathrm{d}x}\right)_{x=0}=\frac{F(0)}{(U_{\mathrm{e}})_{x=0}}=\frac{0.47}{(U_{\mathrm{e}})_{x=0}} \tag{6-48}$$

对于钝前缘体，设 $x=0$ 为前驻点，因而 $(U_{\mathrm{e}})_{x=0}=0$ ，要使方程在该点仍然有意义，必须使 $F(\lambda)=0$. 由表 6-1 知，$F(\lambda)=0$ 时，$\lambda_{0}=0.077$ ，$\varLambda_{0}=7.052$. 在这种情况下，$\dfrac{\mathrm{d}Z^{*}}{\mathrm{d}x}$ 在起始点的边界条件具有 $\dfrac{0}{0}$ 的不定形式，应用洛必达法则可求出其极限值

$$\left(\frac{\mathrm{d}Z^{*}}{\mathrm{d}x}\right)_{x=0}=\lim_{x\to 0}\frac{\dfrac{\mathrm{d}F}{\mathrm{d}x}}{\dfrac{\mathrm{d}U_{\mathrm{e}}}{\mathrm{d}x}}=\lim_{x\to 0}\frac{\dfrac{\mathrm{d}F}{\mathrm{d}\lambda}\dfrac{\mathrm{d}\lambda}{\mathrm{d}x}}{\dfrac{\mathrm{d}U_{\mathrm{e}}}{\mathrm{d}x}}$$

由式（6-41）得

$$\frac{\mathrm{d}\lambda}{\mathrm{d}x}=\frac{\mathrm{d}Z^{*}}{\mathrm{d}x}U_{\mathrm{e}}'+Z^{*}U_{\mathrm{e}}''$$

故

$$\left(\frac{\mathrm{d}Z^*}{\mathrm{d}x}\right)_{x=0} = \lim_{x \to 0} \frac{\dfrac{\mathrm{d}F}{\mathrm{d}\lambda}\left(\dfrac{\mathrm{d}Z^*}{\mathrm{d}x}U_{\mathrm{e}}' + Z^*U_{\mathrm{e}}''\right)}{\dfrac{\mathrm{d}U_{\mathrm{e}}}{\mathrm{d}x}}$$

合并 $\left(\dfrac{\mathrm{d}Z^*}{\mathrm{d}x}\right)$ 项并整理，且利用图 6-3 查得 $\lambda = \lambda_0$ 时的 $\dfrac{\mathrm{d}F}{\mathrm{d}\lambda} = -5.525$，代入上式，得

$$\left(\frac{\mathrm{d}Z^*}{\mathrm{d}x}\right)_{x=0} = \left(\frac{\lambda\dfrac{\mathrm{d}F}{\mathrm{d}\lambda}}{1-\dfrac{\mathrm{d}F}{\mathrm{d}\lambda}}\right)\frac{(U_{\mathrm{e}}'')_{x=0}}{(U_{\mathrm{e}}')_{x=0}^2}$$

$$= -0.0652\frac{(U_{\mathrm{e}}'')_{x=0}}{(U_{\mathrm{e}}')_{x=0}^2}$$

所以，对于钝前缘物体，式（6-48）在起始点的边界条件为

$$x = 0, \quad Z^* = \frac{0.077}{(U_{\mathrm{e}}')_{x=0}}$$

$$\left(\frac{\mathrm{d}Z^*}{\mathrm{d}x}\right)_{x=0} = -0.0652\frac{(U_{\mathrm{e}}'')_{x=0}}{(U_{\mathrm{e}}')_{x=0}^2} \tag{6-49}$$

6.3.3　斯韦茨解法

斯韦茨（Thwaites）分析比较了霍华斯（1938）、哈特里（1939）、伊格里希（1944）等多人的计算结果，得到 $F(\lambda)$ 的计算点基本上都落在一条直线附近，即 $F(\lambda)$ 与 λ 呈线性关系，如图 6-4 所示.

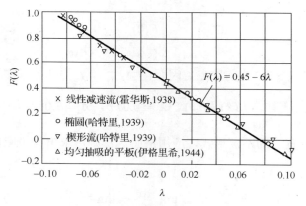

图 6-4　$F(\lambda)$ 与 λ 的关系

可见，函数 $F(\lambda)$ 可用下面的线性关系近似：

$$F(\lambda) = a - b\lambda \tag{6-50}$$

式中，a、b 均为常数，斯韦茨确定 $a = 0.45$，$b = 6.0$. 该关系式实际上是对多种速度剖面

综合的结果. 其他作者根据各自选取的速度剖面与处理方法所确定的函数 $F(\lambda)$，也可近似用线性关系式（6-50）表示，所得常数见表 6-2.

表 6-2　式（6-50）中不同作者的 a、b 值

作　者	a	b
波尔豪森	0.470	6.1
蒂曼（Timman）	0.435	6.11
沃兹（Walz）	0.441	5.15
洛强斯基	0.44	5.75
柯青-洛强斯基	0.45	5.35
斯韦茨	0.45	6.0

斯韦茨总结出的 $F(\lambda)$ 与 λ 间呈线性关系的式（6-50），使动量积分关系式对边界层的求解过程大大简化，使得原先必须通过数值求解的微分方程可通过积分求解，其求解过程如下.

将式（6-50）代入式（6-47），考虑到 $Z^* = \dfrac{\lambda}{U'_e}$，得

$$\frac{\mathrm{d}Z^*}{\mathrm{d}x} = \frac{\mathrm{d}\left(\dfrac{\lambda}{U'_e}\right)}{\mathrm{d}x} = \frac{1}{U'_e}\frac{\mathrm{d}\lambda}{\mathrm{d}x} - \frac{U''_e}{U'^2_e}\lambda = \frac{F(\lambda)}{U_e} = \frac{a - b\lambda}{U_e} \cdot \tag{6-51}$$

整理得

$$\frac{\mathrm{d}\lambda}{\mathrm{d}x} - \left(\frac{U''_e}{U'_e}\lambda - \frac{U'_e}{U_e}b\lambda\right) = \frac{U'_e}{U_e}a \tag{6-52}$$

式（6-52）是一阶线性常微分方程，可以积分求解. 为此，令

$$P(x) = \left(b\frac{U'_e}{U_e} - \frac{U''_e}{U'_e}\right)$$

$$Q(x) = a\frac{U'_e}{U_e}$$

则式（6-52）化成一阶线性常微分方程的标准形式

$$\frac{\mathrm{d}\lambda}{\mathrm{d}x} + P\lambda = Q$$

对等式两边乘以积分因子 $\mathrm{e}^{\int P\mathrm{d}x}$，得

$$\mathrm{e}^{\int P\mathrm{d}x}\left(\frac{\mathrm{d}\lambda}{\mathrm{d}x} + P\lambda\right) = Q\mathrm{e}^{\int P\mathrm{d}x}$$

即

$$\frac{\mathrm{d}}{\mathrm{d}x}\left(\lambda\mathrm{e}^{\int P\mathrm{d}x}\right)=Q\mathrm{e}^{\int P\mathrm{d}x} \tag{6-53}$$

另一方面，

$$\begin{aligned}
\int P\mathrm{d}x &= \int\left(b\frac{U_\mathrm{e}'}{U_\mathrm{e}}-\frac{U_\mathrm{e}''}{U_\mathrm{e}'}\right)\mathrm{d}x \\
&= \int b\frac{U_\mathrm{e}'}{U_\mathrm{e}}\mathrm{d}x-\int\frac{U_\mathrm{e}''}{U_\mathrm{e}'}\mathrm{d}x \\
&= \int b\frac{\mathrm{d}U_\mathrm{e}}{U_\mathrm{e}}-\int\frac{\mathrm{d}U_\mathrm{e}'}{U_\mathrm{e}'} \\
&= b\ln U_\mathrm{e}-\ln U_\mathrm{e}'=\ln\frac{U_\mathrm{e}^b}{U_\mathrm{e}'}
\end{aligned}$$

代入式（6-53）得

$$\frac{\mathrm{d}}{\mathrm{d}x}\left(\lambda\frac{U_\mathrm{e}^b}{U_\mathrm{e}'}\right)=Q\frac{U_\mathrm{e}^b}{U_\mathrm{e}'}=a\frac{U_\mathrm{e}'}{U_\mathrm{e}}\frac{U_\mathrm{e}^b}{U_\mathrm{e}'}=aU_\mathrm{e}^{b-1} \tag{6-54}$$

对式（6-54）积分，得

$$\lambda\frac{U_\mathrm{e}^b}{U_\mathrm{e}'}=a\int_0^x U_\mathrm{e}^{b-1}\mathrm{d}x$$

即

$$\lambda(x)=a\frac{U_\mathrm{e}'}{U_\mathrm{e}^b}\int_0^x U_\mathrm{e}^{b-1}\mathrm{d}x \tag{6-55}$$

　　可见，由于采用了函数 $F(\lambda)$ 的线性近似式（6-50），可以用积分式（6-55）计算型参数 λ，比用数值方法解微分方程（6-47）要简单得多. 这样，在任何绕曲面流动的边界层问题中，只要势流分布 $U_\mathrm{e}(x)$ 已知，就可由式（6-55）积分求得型参数 $\lambda(x)$.

　　型参数 $\lambda(x)$ 确定后，则可根据 λ 及函数 $H(\lambda)$、$T(\lambda)$ 的定义，求得边界层的排挤厚度 δ^*，动量损失厚度 θ 和壁面切应力 τ_w.

$$\theta=\left(\frac{\upsilon\lambda}{U_\mathrm{e}'}\right)^{1/2}=\left[\frac{a\upsilon}{U_\mathrm{e}^b}\int_0^x U_\mathrm{e}^{b-1}(x)\mathrm{d}x\right]^{1/2} \tag{6-56}$$

$$\delta^*=\theta H(\lambda) \tag{6-57}$$

$$\tau_\mathrm{w}=\frac{\mu U_\mathrm{e}}{\theta}T(\lambda) \tag{6-58}$$

　　表 6-3 给出了 $H(\lambda)$、$T(\lambda)$ 与 λ 的关系和取值. 从表 6-3 可知，当 $\tau_\mathrm{w}=0$，即 $T(\lambda)=0$ 时，$\lambda_\mathrm{s}=-0.090$，此即分离点所对应的型参数 λ 的取值.

表 6-3　斯韦茨方法用的函数 $H(\lambda)$ 和 $T(\lambda)$ 之值

λ	$H(\lambda)$	$T(\lambda)$	λ	$H(\lambda)$	$T(\lambda)$
0.25	2.00	0.500	−0.048	2.87	0.138
0.20	2.07	0.463	−0.052	2.90	0.130
0.14	2.18	0.404	−0.056	2.94	0.122
0.12	2.23	0.382	−0.060	2.99	0.113
0.10	2.28	0.359	−0.064	3.04	0.104
0.080	2.34	0.333	−0.068	3.09	0.095
0.064	2.39	0.313	−0.072	3.15	0.085
0.048	2.44	0.291	−0.076	3.22	0.072
0.032	2.49	0.268	−0.080	3.30	0.056
0.016	2.55	0.244	−0.084	3.39	0.038
0.0	2.61	0.219	−0.086	3.44	0.027
−0.016	2.67	0.198	−0.088	3.49	0.015
−0.032	2.75	0.175	−0.090	3.55	0.000
−0.040	2.81	0.156			

注：$\lambda \leqslant -0.06$ 的数据为柯尔（Curl）和斯肯修正后的值.

综上所述，可以将应用斯韦茨方法求解二维定常层流边界层动量积分关系式的一般步骤归纳如下：

（1）从势流解出边界层外缘速度分布 $U_e(x)$，进一步求出 U_e'.

（2）对于一系列的 x 值，由式（6-55）求出对应的 $\lambda(x)$.

（3）对于一系列的 x 值，由式（6-56）求出对应的 $\theta(x)$.

（4）对于一系列的 x 值，由式（6-57）求出对应的 $\delta^*(x)$.

（5）对于一系列的 x 值，由式（6-58）求出对应的 $\tau_w(x)$.

（6）在分离点处，$\lambda_s = -0.09$，将 λ_s 代入式（6-55），即

$$\lambda_s = \frac{aU_e'(x_s)}{U_e^b(x_s)} \int_0^{x_s} U_e^{b-1}(x)\mathrm{d}x$$

求取积分上限 x_s，即可得分离点位置.

6.4　绕平板流动的边界层动量积分关系式解法

绕平板流动的边界层是一种最简单的边界层，此时边界层外缘势流速度 $U_e = U_\infty =$ 常数，$U_e' = 0$，边界层内的流动也符合相似性解的要求，完全可以通过相似性解求解边界层方程，著名的布拉修斯解就是用相似性分析成功求解绕平板流动边界层的范例. 之所以在此要用动量积分关系式解法重新求解绕平板流动的边界层，一方面是为了验证边界层动量积分关系式解法的普遍适用性，另一方面也是为了展示边界层动量积分关系式解法的简洁与方便.

如上所述，对绕平板流动的边界层，其外缘势流速度 $U_e = U_\infty = $ 常数，$U'_e = 0$，故动量积分关系式（6-10）简化为

$$\frac{\mathrm{d}\theta}{\mathrm{d}x} = \frac{\tau_w}{\rho U_e^2} = \frac{C_f}{2} \qquad (6\text{-}59)$$

式中，θ 和 τ_w 都是量纲一速度分布 $\dfrac{u}{U_e}$ 的函数. 由于绕平板流动边界层具有相似性解，因此量纲一速度分布 $\dfrac{u}{U_e}$ 与 x 无关，仅与 $\eta = \dfrac{y}{\delta}$ 有关，所以可将量纲一速度分布表示成

$$\frac{u}{U_e} = f(\eta) \qquad (6\text{-}60)$$

将式（6-60）代入边界条件（6-13）和相容条件（6-19），并考虑到绕平板流动 $U'_e = 0$，可得

$$\begin{cases} f(0) = 0, f''(0) = 0, f'''(0) = 0, \cdots \\ f(1) = 1, \\ f'(1) = 0, f''(1) = 0, f'''(1) = 0, \cdots \end{cases} \qquad (6\text{-}61)$$

现在的问题就归结为选择满足上述边界条件的量纲一速度分布 $f(\eta)$. 一般而言，$f(\eta)$ 可选为以下几种形式：

（1）一次多项式

$$f(\eta) = a_0 + a_1\eta$$

由边界条件 $f(0) = 0$，$f(1) = 1$，确定 $a_0 = 0$，$a_1 = 1$，得

$$f(\eta) = \eta \qquad (6\text{-}62)$$

（2）二次多项式

$$f(\eta) = a_0 + a_1\eta + a_2\eta^2$$

由边界条件 $f(0) = 0$，$f(1) = 1$，$f'(1) = 0$，确定 $a_0 = 0$，$a_1 = 2$，$a_2 = -1$，得

$$f(\eta) = 2\eta - \eta^2 \qquad (6\text{-}63)$$

（3）三次多项式

$$f(\eta) = a_0 + a_1\eta + a_2\eta^2 + a_3\eta^3$$

由边界条件 $f(0) = 0$，$f(1) = 1$，$f'(1) = 0$，$f''(0) = 0$，确定 $a_0 = 0$，$a_1 = \dfrac{3}{2}$，$a_2 = 0$，$a_3 = -\dfrac{1}{2}$，得

$$f(\eta) = \frac{3}{2}\eta - \frac{1}{2}\eta^3 \qquad (6\text{-}64)$$

（4）四次多项式

$$f(\eta) = a_0 + a_1\eta + a_2\eta^2 + a_3\eta^3 + a_4\eta^4$$

由边界条件 $f(0) = 0$，$f(1) = 1$，$f'(1) = 0$，$f''(0) = 0$，$f''(1) = 0$，确定 $a_0 = 0$，$a_1 = 2$，$a_2 = 0$，$a_3 = -2$，$a_4 = 1$，得

$$f(\eta) = 2\eta - 2\eta^3 + \eta^4 \tag{6-65}$$

（5）正弦函数

$$f(\eta) = \sin\left(\frac{\pi}{2}\eta\right) \tag{6-66}$$

可以验证，对正弦函数 $f(\eta) = \sin\left(\frac{\pi}{2}\eta\right)$，满足边界条件 $f(0)=0$，$f(1)=1$，$f'(1)=0$，$f''(0)=0$.

量纲一速度分布 $f(\eta)$ 确定后，就可由此确定动量损失厚度 θ 和壁面切应力 τ_w.

$$\theta = \int_0^\delta \frac{u}{U_\mathrm{e}}\left(1 - \frac{u}{U_\mathrm{e}}\right)\mathrm{d}y = \delta\int_0^1 f(1-f)\mathrm{d}\eta = A_1\delta \tag{6-67}$$

式中

$$A_1 = \int_0^1 f(1-f)\mathrm{d}\eta \tag{6-68}$$

$$\tau_\mathrm{w} = \mu\left(\frac{\partial u}{\partial y}\right)_{y=0} = \frac{\mu U_\mathrm{e}}{\delta}\left(\frac{\partial f}{\partial \eta}\right)_{\eta=0} = \frac{\mu U_\mathrm{e}}{\delta}f'(0) \tag{6-69}$$

将式（6-67）和式（6-69）代入式（6-59），可得到一个确定 $\delta(x)$ 的常微分方程

$$\delta\frac{\mathrm{d}\delta}{\mathrm{d}x} = \frac{\upsilon f'(0)}{A_1 U_\mathrm{e}}$$

假定边界层从前缘点 $x=0$，$\delta=0$ 开始，则积分上式，得

$$\delta(x) = \sqrt{\frac{2f'(0)}{A_1}}\sqrt{\frac{\nu x}{U_\mathrm{e}}} \tag{6-70}$$

将式（6-70）代入式（6-69），就可求得壁面切应力

$$\tau_\mathrm{w} = \rho U_\mathrm{e}^2 \sqrt{\frac{A_1 f'(0)}{2}}\sqrt{\frac{\nu}{U_\mathrm{e}x}} \tag{6-71}$$

壁面局部摩擦阻力系数为

$$C_f = \frac{\tau_\mathrm{w}}{\frac{1}{2}\rho U_\mathrm{e}^2} = \sqrt{2A_1 f'(0)}\sqrt{\frac{\nu}{U_\mathrm{e}x}} \tag{6-72}$$

壁面平均摩擦阻力系数为

$$\overline{C_f} = \frac{1}{L}\int_0^L C_f\mathrm{d}x = 2C_f(L) = 2\sqrt{2A_1 f'(0)}\sqrt{\frac{\nu}{U_\mathrm{e}L}} \tag{6-73}$$

式中，L 为平板总长度. 将式（6-70）代入式（6-67），得动量损失厚度

$$\theta = \sqrt{2A_1 f'(0)}\sqrt{\frac{\nu x}{U_\mathrm{e}}} \tag{6-74}$$

根据排挤厚度 δ^* 的定义

$$\delta^* = \int_0^\delta \left(1 - \frac{u}{U_e}\right) dy = \delta \int_0^1 (1-f) d\eta = A_2 \delta \tag{6-75}$$

式中

$$A_2 = \int_0^1 (1-f) d\eta \tag{6-76}$$

将式（6-70）代入式（6-75），可得排挤厚度

$$\delta^* = A_2 \sqrt{\frac{2f'(0)}{A_1}} \sqrt{\frac{vx}{U_e}} \tag{6-77}$$

量纲一速度分布 $f(\eta)$ 有前述五种形式，分别代入式（6-70）～式（6-77），可得 $\delta(x)$，τ_w，C_f，$\overline{C_f}$，θ，δ^* 的多种计算结果，为便于比较，将上述计算结果列于表 6-4.

从表 6-4 可知，从三次多项式开始，除边界层名义厚度 δ 外，其他特征量的计算公式与布拉修斯精确解相比，误差不超过 3.3%，但计算量大大减少了.

表 6-4　零攻角平板边界层动量积分近似解的各种结果及其与精确解的比较

解法	速度剖面 $\frac{u}{U_e} = f(\eta)$ 或主要算式	α_1	α_2	$f'(0)$	$\delta\sqrt{\frac{U_e}{vx}}$		$\delta^*\sqrt{\frac{U_e}{vx}}$		$\theta\sqrt{\frac{U_e}{vx}}$		$\frac{\tau_w}{\rho U_e^2}\sqrt{\frac{U_e x}{v}}$	
布拉休斯精确解					5.0	100%	1.721	100%	0.6641	100%	0.3321	100%
动量方程直接解	$f(\eta) = \eta$	$\frac{1}{6}$	$\frac{1}{2}$	1	3.464	69.3%	1.732	100.6%	0.5773	86.9%	0.2886	86.90%
	$f(\eta) = 2\eta - \eta^2$	$\frac{2}{15}$	$\frac{1}{3}$	2	5.477	109.5%	1.825	106.0%	0.7302	109.9%	0.3651	109.9%
	$f(\eta) = \frac{3}{2}\eta - \frac{1}{2}\eta^3$	$\frac{39}{280}$	$\frac{3}{8}$	$\frac{3}{2}$	4.641	92.8%	1.740	101.1%	0.6464	97.3%	0.3232	97.3%
	$f(\eta) = 2\eta - 2\eta^3 + \eta^4$	$\frac{37}{315}$	$\frac{3}{10}$	2	5.835	116.7%	1.752	101.8%	0.6855	103.2%	0.3427	103.1%
	$f(\eta) = \sin\left(\frac{\pi}{2}\eta\right)$	$\frac{4-\pi}{2\pi}$	$\frac{\pi-2}{\pi}$	$\frac{\pi}{2}$	4.795	95.9%	1.741	101.2%	0.6551	98.6%	0.3276	98.6%
单参数解	洛强斯基方法：$\theta = \left[\frac{av}{U_e^b(x)}\int_0^x U_e^{b-1}(x)dx\right]^{\frac{1}{2}}$ $a = 0.44, b = 5.75$				—	—	1.731	100.6%	0.6633	99.9%	0.3302	99.4%
	斯韦茨方法：θ 的公式同上，$a = 0.45, b = 6.0$				—	—	1.751	101.8%	0.6708	101.0%	0.3280	99.8%

参 考 文 献

[1] Mehmood A. Viscous Flows. Switzerland: Springer, 2017

[2] Schlichting H, Gersten K. Boundary-Layer Theory. Switzerland: Springer,2017

[3] Kundu P K, Cohen I M, Dowling D R. Fluid Mechanics, 6th edition. Waltham: Elsevier, 2016

[4] Agarwal S K. Fundamentals of Fluid Dynamics. New Delhi: A.K. Pub., 2011

[5] Potter M C. Fluid mechanics demystified. New York: McGraw-Hill, 2009

[6] White F M. Fluid Mechanics, 7th edition. New York: McGraw-Hill, 2011

[7] Douglas J, Gasiorek J, Swaffield J. Fluid Mechanics, 3rd edition. London: Longman Scientific & Technical Co., 1995

[8] Sabersky R H, Acosta A J, Hauptmann E G. Fluid Flow, 3rd edition. New York: Macmillan Publishing Company, 1989

[9] 休斯, 布赖顿. 流体动力学. 徐燕侯等译. 北京: 科学出版社, 2002

[10] 张鸣远, 景思睿, 李国君. 高等工程流体力学. 西安: 西安交通大学出版社, 2006

[11] 王献孚, 熊鳌魁. 高等流体力学. 武汉: 华中科技大学出版社, 2003

[12] 周云龙, 郭婷婷. 高等流体力学. 北京: 中国电力出版社, 2008

[13] 高学平. 高等流体力学. 天津: 天津大学出版社, 2005

[14] 刘应中, 缪国平. 高等流体力学. 上海: 上海交通大学出版社, 2002

[15] 吴玉林, 刘树红. 粘性流体力学. 北京: 中国水利水电出版社, 2007

[16] 阎超, 钱翼稷, 连祺祥. 粘性流体力学. 北京: 北京航空航天大学出版社, 2005

附录　常用正交坐标系中基本量和基本方程的表达式

一、基本量的表达式

以 q_1、q_2、q_3 为正交曲线坐标（图 1），则任意曲线的方程为

$$r = r(q_1, q_2, q_3)$$

曲线上任一微小线段可表示为

$$\mathrm{d}r = (H_1\mathrm{d}q_1)e_1 + (H_2\mathrm{d}q_2)e_2 + (H_3\mathrm{d}q_3)e_3 \tag{1}$$

式中，e_1、e_2、e_3 为曲线坐标上的单位矢量；H_1、H_2、H_3 称为拉梅系数.

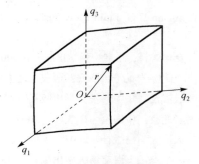

图 1　空间正交曲线坐标

$$
\begin{cases}
H_1 = \left|\dfrac{\partial r}{\partial q_1}\right| = \sqrt{\left(\dfrac{\partial x}{\partial q_1}\right)^2 + \left(\dfrac{\partial y}{\partial q_1}\right)^2 + \left(\dfrac{\partial z}{\partial q_1}\right)^2} \\[2mm]
H_2 = \left|\dfrac{\partial r}{\partial q_2}\right| = \sqrt{\left(\dfrac{\partial x}{\partial q_2}\right)^2 + \left(\dfrac{\partial y}{\partial q_2}\right)^2 + \left(\dfrac{\partial z}{\partial q_2}\right)^2} \\[2mm]
H_3 = \left|\dfrac{\partial r}{\partial q_3}\right| = \sqrt{\left(\dfrac{\partial x}{\partial q_3}\right)^2 + \left(\dfrac{\partial y}{\partial q_3}\right)^2 + \left(\dfrac{\partial z}{\partial q_3}\right)^2}
\end{cases} \tag{2}
$$

梯度表达式为

$$\nabla\phi = \frac{1}{H_1}\frac{\partial\phi}{\partial q_1}e_1 + \frac{1}{H_2}\frac{\partial\phi}{\partial q_2}e_2 + \frac{1}{H_3}\frac{\partial\phi}{\partial q_3}e_3 \tag{3}$$

散度表达式为

$$\nabla\cdot a = \frac{1}{H_1H_2H_3}\left[\frac{\partial(a_1H_2H_3)}{\partial q_1} + \frac{\partial(a_2H_3H_1)}{\partial q_2} + \frac{\partial(a_3H_1H_2)}{\partial q_3}\right] \tag{4}$$

旋度表达式为

$$\nabla \times \boldsymbol{a} = \frac{1}{H_2 H_3} \left[\frac{\partial (a_3 H_3)}{\partial q_2} - \frac{\partial (a_2 H_2)}{\partial q_3} \right] \boldsymbol{e}_1 + \frac{1}{H_3 H_1} \left[\frac{\partial (a_1 H_1)}{\partial q_3} - \frac{\partial (a_3 H_3)}{\partial q_1} \right] \boldsymbol{e}_2$$

$$+ \frac{1}{H_1 H_2} \left[\frac{\partial (a_2 H_2)}{\partial q_1} - \frac{\partial (a_1 H_1)}{\partial q_2} \right] \boldsymbol{e}_3 \tag{5}$$

拉普拉斯算子表达式为

$$\Delta \phi = \frac{1}{H_1 H_2 H_3} \left[\frac{\partial}{\partial q_1} \left(\frac{H_2 H_3}{H_1} \frac{\partial \phi}{\partial q_1} \right) + \frac{\partial}{\partial q_2} \left(\frac{H_3 H_1}{H_2} \frac{\partial \phi}{\partial q_2} \right) + \frac{\partial}{\partial q_3} \left(\frac{H_1 H_2}{H_3} \frac{\partial \phi}{\partial q_3} \right) \right] \tag{6}$$

$$\Delta \boldsymbol{a} = \left\{ \frac{1}{H_1} \frac{\partial}{\partial q_1} \left[\frac{1}{H_1 H_2 H_3} \left(\frac{\partial (H_2 H_3 a_1)}{\partial q_1} + \frac{\partial (H_1 H_3 a_2)}{\partial q_2} + \frac{\partial (H_1 H_2 a_3)}{\partial q_3} \right) \right] \right.$$

$$- \frac{1}{H_2 H_3} \left[\frac{\partial}{\partial q_2} \left(\frac{H_3}{H_1 H_2} \left(\frac{\partial (H_2 a_2)}{\partial q_1} - \frac{\partial (H_1 a_1)}{\partial q_2} \right) \right) \right.$$

$$\left. - \frac{\partial}{\partial q_3} \left(\frac{H_2}{H_1 H_3} \left(\frac{\partial (H_1 a_1)}{\partial q_3} - \frac{\partial (H_3 a_3)}{\partial q_1} \right) \right) \right] \right\} \boldsymbol{e}_1 + \left\{ \frac{1}{H_2} \frac{\partial}{\partial q_2} \left[\frac{1}{H_1 H_2 H_3} \left(\frac{\partial (H_2 H_3 a_1)}{\partial q_1} \right. \right. \right.$$

$$\left. + \frac{\partial (H_1 H_3 a_2)}{\partial q_2} + \frac{\partial (H_1 H_2 a_3)}{\partial q_3} \right) \right] - \frac{1}{H_3 H_1} \left[\frac{\partial}{\partial q_3} \left(\frac{H_1}{H_2 H_3} \left(\frac{\partial (H_3 a_3)}{\partial q_2} \right. \right. \right.$$

$$\left. \left. - \frac{\partial (H_2 a_2)}{\partial q_3} \right) \right) - \frac{\partial}{\partial q_1} \left(\frac{H_3}{H_1 H_2} \left(\frac{\partial (H_2 a_2)}{\partial q_1} - \frac{\partial (H_1 a_1)}{\partial q_2} \right) \right) \right] \right\} \boldsymbol{e}_2$$

$$+ \left\{ \frac{1}{H_3} \frac{\partial}{\partial q_3} \left[\frac{1}{H_1 H_2 H_3} \left(\frac{\partial (H_2 H_3 a_1)}{\partial q_1} + \frac{\partial (H_1 H_3 a_2)}{\partial q_2} + \frac{\partial (H_1 H_2 a_3)}{\partial q_3} \right) \right] \right.$$

$$- \frac{1}{H_1 H_2} \left[\frac{\partial}{\partial q_1} \left(\frac{H_2}{H_1 H_3} \left(\frac{\partial (H_1 a_1)}{\partial q_3} - \frac{\partial (H_3 a_3)}{\partial q_1} \right) \right) - \frac{\partial}{\partial q_2} \left(\frac{H_1}{H_2 H_3} \right. \right.$$

$$\left. \left. \left. \times \left(\frac{\partial (H_3 a_3)}{\partial q_2} - \frac{\partial (H_2 a_2)}{\partial q_3} \right) \right) \right] \right\} \boldsymbol{e}_3 \tag{7}$$

在圆柱坐标系（图2）中

$$\begin{cases} q_1 = r \\ q_2 = \theta \\ q_3 = z \\ x = r \cos \theta \\ y = r \sin \theta \end{cases}$$

此时拉梅系数为

$$\begin{cases} H_1 = \sqrt{\left(\dfrac{\partial x}{\partial r}\right)^2 + \left(\dfrac{\partial y}{\partial r}\right)^2 + \left(\dfrac{\partial z}{\partial r}\right)^2} = 1 \\[4mm] H_2 = \sqrt{\left(\dfrac{\partial x}{\partial \theta}\right)^2 + \left(\dfrac{\partial y}{\partial \theta}\right)^2 + \left(\dfrac{\partial z}{\partial \theta}\right)^2} = r \\[4mm] H_3 = \sqrt{\left(\dfrac{\partial x}{\partial z}\right)^2 + \left(\dfrac{\partial y}{\partial z}\right)^2 + \left(\dfrac{\partial z}{\partial z}\right)^2} = 1 \end{cases} \tag{8}$$

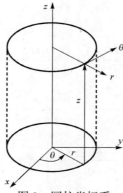

图 2　圆柱坐标系

梯度表达式为

$$\nabla \phi = \frac{\partial \phi}{\partial r} \boldsymbol{e}_r + \frac{1}{r} \frac{\partial \phi}{\partial \theta} \boldsymbol{e}_\theta + \frac{\partial \phi}{\partial z} \boldsymbol{e}_z \tag{9}$$

散度表达式为

$$\nabla \cdot \boldsymbol{a} = \frac{1}{r} \frac{\partial (r a_r)}{\partial r} + \frac{1}{r} \frac{\partial a_\theta}{\partial \theta} + \frac{\partial a_z}{\partial z} \tag{10}$$

旋度表达式为

$$\nabla \times \boldsymbol{a} = \left(\frac{1}{r} \frac{\partial a_z}{\partial \theta} - \frac{\partial a_\theta}{\partial z} \right) \boldsymbol{e}_r + \left(\frac{\partial a_r}{\partial z} - \frac{\partial a_z}{\partial r} \right) \boldsymbol{e}_\theta + \left(\frac{1}{r} \frac{\partial (r a_\theta)}{\partial r} - \frac{1}{r} \frac{\partial a_r}{\partial \theta} \right) \boldsymbol{e}_z \tag{11}$$

拉普拉斯算子表达式为

$$\Delta \phi = \frac{1}{r} \frac{\partial}{\partial r} \left(r \frac{\partial \phi}{\partial r} \right) + \frac{1}{r^2} \frac{\partial^2 \phi}{\partial \theta^2} + \frac{\partial^2 \phi}{\partial z^2} \tag{12}$$

$$\Delta \boldsymbol{a} = \left(\Delta a_r - \frac{a_r}{r^2} - \frac{2}{r^2} \frac{\partial a_\theta}{\partial \theta} \right) \boldsymbol{e}_r + \left(\Delta a_\theta + \frac{2}{r^2} \frac{\partial a_r}{\partial \theta} - \frac{a_\theta}{r^2} \right) \boldsymbol{e}_\theta + \Delta a_z \boldsymbol{e}_z \tag{13}$$

在球坐标系（图 3）中

$$\begin{cases} q_1 = r \\ q_2 = \theta \\ q_3 = \psi \\ x = r \sin\theta \cos\psi \\ y = r \sin\theta \sin\psi \\ z = r \cos\theta \end{cases}$$

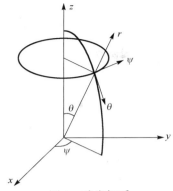

图 3　球坐标系

拉梅系数为

$$H_1 = 1, \quad H_2 = r, \quad H_3 = r\sin\theta$$

梯度表达式为

$$\nabla\phi = \frac{\partial\phi}{\partial r}\boldsymbol{e}_r + \frac{1}{r}\frac{\partial\phi}{\partial\theta}\boldsymbol{e}_\theta + \frac{1}{r\sin\theta}\frac{\partial\phi}{\partial\psi}\boldsymbol{e}_\psi \tag{14}$$

散度表达式为

$$\nabla\cdot\boldsymbol{a} = \frac{1}{r^2}\frac{\partial\left(r^2 a_r\right)}{\partial r} + \frac{1}{r\sin\theta}\frac{\partial\left(\sin\theta a_\theta\right)}{\partial\theta} + \frac{1}{r\sin\theta}\frac{\partial a_\psi}{\partial\psi} \tag{15}$$

旋度表达式为

$$\nabla\times\boldsymbol{a} = \left(\frac{1}{r\sin\theta}\frac{\partial\left(a_\psi\sin\theta\right)}{\partial\theta} - \frac{1}{r\sin\theta}\frac{\partial a_\theta}{\partial\psi}\right)\boldsymbol{e}_r + \left(\frac{1}{r\sin\theta}\frac{\partial a_r}{\partial\psi} - \frac{1}{r}\frac{\partial\left(ra_\psi\right)}{\partial r}\right)\boldsymbol{e}_\theta$$

$$+ \left(\frac{1}{r}\frac{\partial\left(ra_\theta\right)}{\partial r} - \frac{1}{r}\frac{\partial a_r}{\partial\theta}\right)\boldsymbol{e}_\psi \tag{16}$$

拉普拉斯算子表达式为

$$\Delta\phi = \frac{1}{r^2}\frac{\partial}{\partial r}\left(r^2\frac{\partial\phi}{\partial r}\right) + \frac{1}{r^2\sin\theta}\frac{\partial}{\partial\theta}\left(\sin\theta\frac{\partial\phi}{\partial\theta}\right) + \frac{1}{r^2\sin^2\theta}\frac{\partial^2\phi}{\partial\psi^2} \tag{17}$$

$$\Delta\boldsymbol{a} = \left(\Delta a_r - \frac{2a_r}{r^2} - \frac{2}{r^2}\frac{\partial a_\theta}{\partial\theta} - \frac{2a_\theta\cot\theta}{r^2} - \frac{2}{r^2\sin\theta}\frac{\partial a_\psi}{\partial\psi}\right)\boldsymbol{e}_r$$

$$+ \left(\Delta a_\theta + \frac{2}{r^2}\frac{\partial a_r}{\partial\theta} - \frac{a_\theta}{r^2\sin^2\theta} - \frac{2\cos\theta}{r^2\sin\theta}\frac{\partial a_\psi}{\partial\psi}\right)\boldsymbol{e}_\theta$$

$$+ \left(\Delta a_\psi + \frac{2}{r^2\sin\theta}\frac{\partial a_r}{\partial\theta} + \frac{2\cos\theta}{r^2\sin\theta}\frac{\partial a_\theta}{\partial\psi} - \frac{a_\psi}{r^2\sin^2\theta}\right)\boldsymbol{e}_\psi \tag{18}$$

在边界层坐标系（图 4），设互相正交的曲线坐标 q_1、q_3 落在物体曲面上，q_2 坐标垂直于物面，则空间某一微小弧长 ds 为

$$ds = \sqrt{\left(H_1 dq_1\right)^2 + \left(H_2 dq_2\right)^2 + \left(H_3 dq_3\right)^2} \tag{19}$$

曲线段 ds 在 q_2 轴方向的弧长分量为

$$ds_2 = dq_2$$

ds 在 q_1 轴方向的弧长分量为

$$ds_1 = (q_2 + R_1)d\theta_1 = dq_1\left(1 + \frac{q_2}{R_1}\right)$$

ds 在 q_3 轴方向的弧长分量为

$$ds_3 = (q_2 + R_3)d\theta_3 = dq_3\left(1 + \frac{q_2}{R_3}\right)$$

于是

$$ds = \sqrt{(ds_1)^2 + (ds_2)^2 + (ds_3)^2}$$
$$= \sqrt{\left[\left(1 + \frac{q_2}{R_1}\right)dq_1\right]^2 + (dq_2)^2 + \left[\left(1 + \frac{q_2}{R_3}\right)dq_3\right]^2} \tag{20}$$

拉梅系数为

$$H_1 = 1 + \frac{q_2}{R_1}, \qquad H_2 = 1, \qquad H_3 = 1 + \frac{q_2}{R_3}$$

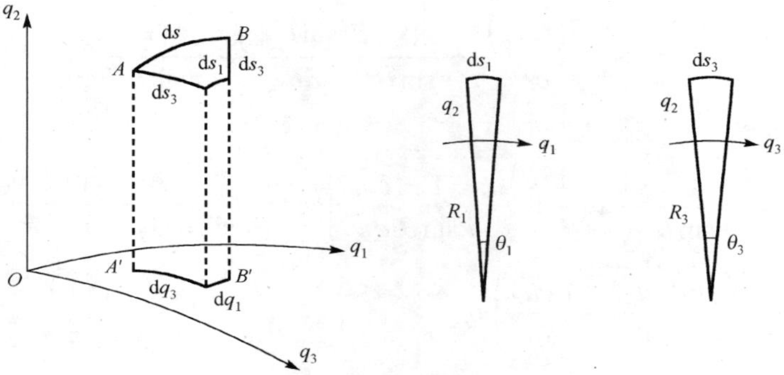

图 4　边界层坐标

二、应力与变形率的关系

广义牛顿定律表示应力张量与变形率张量的普通关系，为

$$[\boldsymbol{\tau}] = 2\mu[\boldsymbol{\varepsilon}] - (p - \lambda\nabla \cdot V)[\boldsymbol{I}]$$

1. 在正交曲线坐标系中

$$\begin{cases} \tau_{11} = -(p - \lambda\nabla \cdot V) + 2\mu\varepsilon_{11} \\ \tau_{22} = -(p - \lambda\nabla \cdot V) + 2\mu\varepsilon_{22} \\ \tau_{33} = -(p - \lambda\nabla \cdot V) + 2\mu\varepsilon_{33} \\ \tau_{12} = \tau_{21} = 2\mu\varepsilon_{12} \\ \tau_{23} = \tau_{32} = 2\mu\varepsilon_{23} \\ \tau_{31} = \tau_{13} = 2\mu\varepsilon_{31} \end{cases} \tag{21}$$

式中的变形率张量分量为

$$\varepsilon_{11} = \frac{1}{H_1}\frac{\partial V_1}{\partial q_1} + \frac{V_2}{H_1 H_2}\frac{\partial H_1}{\partial q_2} + \frac{V_3}{H_1 H_3}\frac{\partial H_1}{\partial q_3}$$

$$\varepsilon_{22} = \frac{1}{H_2}\frac{\partial V_2}{\partial q_2} + \frac{V_3}{H_2 H_3}\frac{\partial H_2}{\partial q_3} + \frac{V_1}{H_2 H_1}\frac{\partial H_2}{\partial q_1}$$

$$\varepsilon_{33} = \frac{1}{H_3}\frac{\partial V_3}{\partial q_3} + \frac{V_1}{H_3 H_1}\frac{\partial H_3}{\partial q_1} + \frac{V_2}{H_3 H_2}\frac{\partial H_3}{\partial q_2}$$

$$2\varepsilon_{12} = \frac{1}{H_2}\frac{\partial V_1}{\partial q_2} + \frac{1}{H_1}\frac{\partial V_2}{\partial q_1} - \frac{V_1}{H_1 H_2}\frac{\partial H_1}{\partial q_2} - \frac{V_2}{H_1 H_2}\frac{\partial H_2}{\partial q_1}$$

$$2\varepsilon_{23} = \frac{1}{H_3}\frac{\partial V_2}{\partial q_3} + \frac{1}{H_2}\frac{\partial V_3}{\partial q_2} - \frac{V_2}{H_2 H_3}\frac{\partial H_2}{\partial q_3} - \frac{V_3}{H_2 H_3}\frac{\partial H_3}{\partial q_2}$$

$$2\varepsilon_{31} = \frac{1}{H_1}\frac{\partial V_3}{\partial q_1} + \frac{1}{H_3}\frac{\partial V_1}{\partial q_3} - \frac{V_3}{H_3 H_1}\frac{\partial H_3}{\partial q_1} - \frac{V_1}{H_3 H_1}\frac{\partial H_1}{\partial q_3}$$

2. 在柱坐标系中

$$\begin{cases} \tau_{rr} = \left(-p + \lambda \nabla \cdot V\right) + 2\mu\dfrac{\partial u_r}{\partial r} \\[2mm] \tau_{\theta\theta} = \left(-p + \lambda \nabla \cdot V\right) + 2\mu\left(\dfrac{1}{r}\dfrac{\partial u_\theta}{\partial \theta} + \dfrac{u_r}{r}\right) \\[2mm] \tau_{zz} = \left(-p + \lambda \nabla \cdot V\right) + 2\mu\dfrac{\partial u_z}{\partial z} \\[2mm] \tau_{r\theta} = \tau_{\theta r} = \mu\left(\dfrac{\partial u_\theta}{\partial r} + \dfrac{1}{r}\dfrac{\partial u_r}{\partial \theta} - \dfrac{u_\theta}{r}\right) \\[2mm] \tau_{\theta z} = \tau_{z\theta} = \mu\left(\dfrac{1}{r}\dfrac{\partial u_z}{\partial \theta} + \dfrac{\partial u_\theta}{\partial z}\right) \\[2mm] \tau_{zr} = \tau_{rz} = \mu\left(\dfrac{\partial u_r}{\partial z} + \dfrac{\partial u_z}{\partial r}\right) \end{cases} \tag{22}$$

对于不可压缩流体 $\nabla \cdot V = 0$，式（22）可简化为

$$\begin{cases} \tau_{rr} = -p + 2\mu\dfrac{\partial u_r}{\partial r} \\[2mm] \tau_{\theta\theta} = -p + 2\mu\left(\dfrac{1}{r}\dfrac{\partial u_\theta}{\partial \theta} + \dfrac{u_r}{r}\right) \\[2mm] \tau_{zz} = -p + 2\mu\dfrac{\partial u_z}{\partial z} \\[2mm] \tau_{r\theta} = \tau_{\theta r} = \mu\left(\dfrac{\partial u_\theta}{\partial r} + \dfrac{1}{r}\dfrac{\partial u_r}{\partial \theta} - \dfrac{u_\theta}{r}\right) \\[2mm] \tau_{\theta z} = \tau_{z\theta} = \mu\left(\dfrac{1}{r}\dfrac{\partial u_z}{\partial \theta} + \dfrac{\partial u_\theta}{\partial z}\right) \\[2mm] \tau_{zr} = \tau_{rz} = \mu\left(\dfrac{\partial u_r}{\partial z} + \dfrac{\partial u_z}{\partial r}\right) \end{cases} \tag{23}$$

3. 在球坐标系中

$$
\begin{cases}
\tau_{rr} = (-p + \lambda \nabla \cdot V) + 2\mu \dfrac{\partial u_r}{\partial r} \\[2mm]
\tau_{\theta\theta} = (-p + \lambda \nabla \cdot V) + 2\mu \left(\dfrac{1}{r} \dfrac{\partial u_\theta}{\partial \theta} + \dfrac{u_r}{r} \right) \\[2mm]
\psi_{\psi\psi} = (-p + \lambda \nabla \cdot V) + 2\mu \left(\dfrac{1}{r\sin\theta} \dfrac{\partial u_\psi}{\partial \psi} + \dfrac{u_r}{r} + \dfrac{u_\theta \cot\theta}{r} \right) \\[2mm]
\tau_{r\theta} = \tau_{\theta r} = \mu \left(\dfrac{1}{r} \dfrac{\partial u_r}{\partial \theta} + \dfrac{\partial u_\theta}{\partial r} - \dfrac{u_\theta}{r} \right) \\[2mm]
\tau_{\theta\psi} = \tau_{\psi\theta} = \mu \left(\dfrac{1}{r\sin\theta} \dfrac{\partial u_\theta}{\partial \psi} + \dfrac{1}{r} \dfrac{\partial u_\psi}{\partial \theta} - \dfrac{u_\psi \cot\theta}{r} \right) \\[2mm]
\tau_{\psi r} = \tau_{r\psi} = \mu \left(\dfrac{\partial u_\psi}{\partial r} + \dfrac{1}{r\sin\theta} \dfrac{\partial u_r}{\partial \psi} - \dfrac{u_\psi}{r} \right)
\end{cases}
\tag{24}
$$

对于不可压缩流体 $\nabla \cdot V = 0$，式（24）可简化为

$$
\begin{cases}
\tau_{rr} = -p + 2\mu \dfrac{\partial u_r}{\partial r} \\[2mm]
\tau_{\theta\theta} = -p + 2\mu \left(\dfrac{1}{r} \dfrac{\partial u_\theta}{\partial \theta} + \dfrac{u_r}{r} \right) \\[2mm]
\psi_{\psi\psi} = -p + 2\mu \left(\dfrac{1}{r\sin\theta} \dfrac{\partial u_\psi}{\partial \psi} + \dfrac{u_r}{r} + \dfrac{u_\theta \cot\theta}{r} \right) \\[2mm]
\tau_{r\theta} = \tau_{\theta r} = \mu \left(\dfrac{1}{r} \dfrac{\partial u_r}{\partial \theta} + \dfrac{\partial u_\theta}{\partial r} - \dfrac{u_\theta}{r} \right) \\[2mm]
\tau_{\theta\psi} = \tau_{\psi\theta} = \mu \left(\dfrac{1}{r\sin\theta} \dfrac{\partial u_\theta}{\partial \psi} + \dfrac{1}{r} \dfrac{\partial u_\psi}{\partial \theta} - \dfrac{u_\psi \cot\theta}{r} \right) \\[2mm]
\tau_{\psi r} = \tau_{r\psi} = \mu \left(\dfrac{\partial u_\psi}{\partial r} + \dfrac{1}{r\sin\theta} \dfrac{\partial u_r}{\partial \psi} - \dfrac{u_\psi}{r} \right)
\end{cases}
\tag{25}
$$

三、基本方程组

1. 在一般正交曲线坐标系中

连续性方程为

$$
\frac{\partial \rho}{\partial t} + \frac{1}{H_1 H_2 H_3} \left[\frac{\partial (\rho H_2 H_3 V_1)}{\partial q_1} + \frac{\partial (\rho H_3 H_1 V_2)}{\partial q_2} + \frac{\partial (\rho H_1 H_2 V_3)}{\partial q_3} \right] = 0
\tag{26}
$$

运动方程为

$$
\frac{\partial V_1}{\partial t} + \frac{V_1}{H_1} \frac{\partial V_1}{\partial q_1} + \frac{V_2}{H_2} \frac{\partial V_1}{\partial q_2} + \frac{V_3}{H_3} \frac{\partial V_1}{\partial q_3} + \frac{V_1 V_2}{H_1 H_2} \frac{\partial H_1}{\partial q_2}
$$

$$
+ \frac{V_1 V_3}{H_1 H_3} \frac{\partial H_1}{\partial q_3} - \frac{V_2^2}{H_1 H_2} \frac{\partial H_2}{\partial q_1} - \frac{V_3^2}{H_3 H_1} \frac{\partial H_3}{\partial q_1}
$$

$$= F_1 + \frac{1}{\rho}\left\{ \frac{1}{H_1 H_2 H_3}\left[\frac{\partial}{\partial q_1}\left(H_2 H_3 \tau_{11} \right) + \frac{\partial}{\partial q_2}\left(H_3 H_1 \tau_{12} \right) + \frac{\partial}{\partial q_3}\left(H_1 H_2 \tau_{31} \right) \right] \right.$$

$$\left. + \frac{\tau_{12}}{H_1 H_2}\frac{\partial H_1}{\partial q_2} + \frac{\tau_{13}}{H_1 H_3}\frac{\partial H_1}{\partial q_3} - \frac{\tau_{22}}{H_1 H_2}\frac{\partial H_2}{\partial q_1} - \frac{\tau_{33}}{H_3 H_1}\frac{\partial H_3}{\partial q_1} \right\} \tag{27a}$$

$$\frac{\partial V_2}{\partial t} + \frac{V_1}{H_1}\frac{\partial V_2}{\partial q_1} + \frac{V_2}{H_2}\frac{\partial V_2}{\partial q_2} + \frac{V_3}{H_3}\frac{\partial V_2}{\partial q_3} + \frac{V_2 V_1}{H_2 H_1}\frac{\partial H_2}{\partial q_1}$$

$$+ \frac{V_2 V_3}{H_2 H_3}\frac{\partial H_2}{\partial q_3} - \frac{V_3^2}{H_2 H_3}\frac{\partial H_3}{\partial q_2} - \frac{V_1^2}{H_2 H_1}\frac{\partial H_1}{\partial q_2}$$

$$= F_2 + \frac{1}{\rho}\left\{ \frac{1}{H_1 H_2 H_3}\left[\frac{\partial}{\partial q_1}\left(H_2 H_3 \tau_{12} \right) + \frac{\partial}{\partial q_2}\left(H_3 H_1 \tau_{22} \right) + \frac{\partial}{\partial q_3}\left(H_1 H_2 \tau_{23} \right) \right] \right.$$

$$\left. + \frac{\tau_{12}}{H_1 H_2}\frac{\partial H_2}{\partial q_1} + \frac{\tau_{23}}{H_2 H_3}\frac{\partial H_2}{\partial q_3} - \frac{\tau_{33}}{H_2 H_3}\frac{\partial H_3}{\partial q_2} - \frac{\tau_{11}}{H_1 H_2}\frac{\partial H_1}{\partial q_2} \right\} \tag{27b}$$

$$\frac{\partial V_3}{\partial t} + \frac{V_1}{H_1}\frac{\partial V_3}{\partial q_1} + \frac{V_2}{H_2}\frac{\partial V_3}{\partial q_2} + \frac{V_3}{H_3}\frac{\partial V_3}{\partial q_3} + \frac{V_3 V_1}{H_3 H_1}\frac{\partial H_3}{\partial q_1}$$

$$+ \frac{V_3 V_2}{H_3 H_2}\frac{\partial H_3}{\partial q_2} - \frac{V_1^2}{H_3 H_1}\frac{\partial H_1}{\partial q_3} - \frac{V_2^2}{H_3 H_2}\frac{\partial H_2}{\partial q_3}$$

$$= F_3 + \frac{1}{\rho}\left\{ \frac{1}{H_1 H_2 H_3}\left[\frac{\partial}{\partial q_1}\left(H_2 H_3 \tau_{31} \right) + \frac{\partial}{\partial q_2}\left(H_3 H_1 \tau_{32} \right) + \frac{\partial}{\partial q_3}\left(H_1 H_2 \tau_{33} \right) \right] \right.$$

$$\left. + \frac{\tau_{31}}{H_1 H_3}\frac{\partial H_3}{\partial q_1} + \frac{\tau_{23}}{H_2 H_3}\frac{\partial H_3}{\partial q_2} - \frac{\tau_{11}}{H_3 H_1}\frac{\partial H_1}{\partial q_3} - \frac{\tau_{22}}{H_3 H_2}\frac{\partial H_2}{\partial q_3} \right\} \tag{27c}$$

能量方程为

$$\rho\left(\frac{\partial e}{\partial t} + \frac{V_1}{H_1}\frac{\partial e}{\partial q_1} + \frac{V_2}{H_2}\frac{\partial e}{\partial q_2} + \frac{V_3}{H_3}\frac{\partial e}{\partial q_3} \right)$$

$$= \tau_{11}\varepsilon_{11} + \tau_{22}\varepsilon_{22} + \tau_{33}\varepsilon_{33} + 2\tau_{12}\varepsilon_{12} + 2\tau_{23}\varepsilon_{23} + 2\tau_{31}\varepsilon_{31} + \frac{1}{H_1 H_2 H_3}\left[\frac{\partial}{\partial q_1}\left(\frac{H_2 H_3}{H_1}k\frac{\partial T}{\partial q_1} \right) \right.$$

$$\left. + \frac{\partial}{\partial q_2}\left(\frac{H_3 H_1}{H_2}k\frac{\partial T}{\partial q_2} \right) + \frac{\partial}{\partial q_3}\left(\frac{H_1 H_2}{H_3}k\frac{\partial T}{\partial q_3} \right) \right] + \rho q \tag{28}$$

2. 在柱坐标系中

连续性方程为

$$\frac{\partial \rho}{\partial t} + \frac{1}{r}\frac{\partial\left(\rho r u_r \right)}{\partial r} + \frac{1}{r}\frac{\partial\left(\rho u_\theta \right)}{\partial \theta} + \frac{\partial\left(\rho u_z \right)}{\partial z} = 0 \tag{29}$$

运动方程为

$$\rho\left(\frac{\partial u_r}{\partial t} + u_r\frac{\partial u_r}{\partial r} + \frac{u_\theta}{r}\frac{\partial u_r}{\partial \theta} + u_z\frac{\partial u_r}{\partial z} - \frac{u_\theta^2}{r} \right)$$

$$= \rho F_r + \frac{1}{r}\left[\frac{\partial\left(r\tau_{rr} \right)}{\partial r} + \frac{\partial \tau_{\theta r}}{\partial \theta} + \frac{\partial\left(r\tau_{zr} \right)}{\partial z} \right] - \frac{\tau_{\theta\theta}}{r} \tag{30a}$$

$$\rho\left(\frac{\partial u_\theta}{\partial t}+u_r\frac{\partial u_\theta}{\partial r}+\frac{u_\theta}{r}\frac{\partial u_\theta}{\partial \theta}+u_z\frac{\partial u_\theta}{\partial z}+\frac{u_r u_\theta}{r}\right)$$

$$=\rho F_\theta+\frac{1}{r}\left[\frac{\partial(r\tau_{r\theta})}{\partial r}+\frac{\partial \tau_{\theta\theta}}{\partial \theta}+\frac{\partial(r\tau_{z\theta})}{\partial z}\right]+\frac{\tau_{r\theta}}{r} \tag{30b}$$

$$\rho\left(\frac{\partial u_z}{\partial t}+u_r\frac{\partial u_z}{\partial r}+\frac{u_\theta}{r}\frac{\partial u_z}{\partial \theta}+u_z\frac{\partial u_z}{\partial z}\right)$$

$$=\rho F_z+\frac{1}{r}\left[\frac{\partial(r\tau_{rz})}{\partial r}+\frac{\partial \tau_{\theta z}}{\partial \theta}+\frac{\partial(r\tau_{zz})}{\partial z}\right] \tag{30c}$$

能量方程为

$$\rho\left(\frac{\partial e}{\partial t}+u_r\frac{\partial e}{\partial r}+\frac{u_\theta}{r}\frac{\partial e}{\partial \theta}+u_z\frac{\partial e}{\partial z}\right)$$

$$=\tau_{rr}\frac{\partial u_r}{\partial r}+\tau_{\theta\theta}\left(\frac{1}{r}\frac{\partial u_\theta}{\partial \theta}+\frac{u_r}{r}\right)+\tau_{zz}\frac{\partial u_z}{\partial z}+\tau_{r\theta}\left(\frac{\partial u_\theta}{\partial r}+\frac{1}{r}\frac{\partial u_r}{\partial \theta}-\frac{u_\theta}{r}\right)$$

$$+\tau_{\theta z}\left(\frac{1}{r}\frac{\partial u_z}{\partial \theta}+\frac{\partial u_\theta}{\partial z}\right)+\tau_{rz}\left(\frac{\partial u_r}{\partial z}+\frac{\partial u_z}{\partial r}\right)+\frac{1}{r}\left[\frac{\partial}{\partial r}\left(kr\frac{\partial T}{\partial r}\right)\right.$$

$$\left.+\frac{\partial}{\partial \theta}\left(k\frac{1}{r}\frac{\partial T}{\partial \theta}\right)+\frac{\partial}{\partial z}\left(kr\frac{\partial T}{\partial z}\right)\right]+\rho q \tag{31}$$

对于不可压缩流体，ρ =常数，基本方程组的形式变为

连续性方程

$$\frac{\partial u_r}{\partial r}+\frac{1}{r}\frac{\partial u_\theta}{\partial \theta}+\frac{\partial u_z}{\partial z}+\frac{u_r}{r}=0 \tag{32}$$

运动方程

$$\rho\left(\frac{\partial u_r}{\partial t}+u_r\frac{\partial u_r}{\partial r}+\frac{u_\theta}{r}\frac{\partial u_r}{\partial \theta}+u_z\frac{\partial u_r}{\partial z}-\frac{u_\theta^2}{r}\right)$$

$$=\rho F_r-\frac{\partial p}{\partial r}+\mu\left(\frac{\partial^2 u_r}{\partial r^2}+\frac{1}{r}\frac{\partial u_r}{\partial r}+\frac{1}{r^2}\frac{\partial^2 u_r}{\partial \theta^2}+\frac{\partial^2 u_r}{\partial z^2}-\frac{2}{r^2}\frac{\partial u_\theta}{\partial \theta}-\frac{u_r}{r^2}\right) \tag{33a}$$

$$\rho\left(\frac{\partial u_\theta}{\partial t}+u_r\frac{\partial u_\theta}{\partial r}+\frac{u_\theta}{r}\frac{\partial u_\theta}{\partial \theta}+u_z\frac{\partial u_\theta}{\partial z}+\frac{u_r u_\theta}{r}\right)$$

$$=\rho F_\theta-\frac{1}{r}\frac{\partial p}{\partial \theta}+\mu\left(\frac{\partial^2 u_\theta}{\partial r^2}+\frac{1}{r}\frac{\partial u_\theta}{\partial r}+\frac{1}{r^2}\frac{\partial^2 u_\theta}{\partial \theta^2}+\frac{\partial^2 u_\theta}{\partial z^2}-\frac{u_\theta}{r^2}+\frac{2}{r^2}\frac{\partial u_r}{\partial \theta}\right) \tag{33b}$$

$$\rho\left(\frac{\partial u_z}{\partial t}+u_r\frac{\partial u_z}{\partial r}+\frac{u_\theta}{r}\frac{\partial u_z}{\partial \theta}+u_z\frac{\partial u_z}{\partial z}\right)$$

$$=\rho F_z-\frac{\partial p}{\partial z}+\mu\left(\frac{\partial^2 u_z}{\partial r^2}+\frac{1}{r}\frac{\partial u_z}{\partial r}+\frac{1}{r^2}\frac{\partial^2 u_z}{\partial \theta^2}+\frac{\partial^2 u_z}{\partial z^2}\right) \tag{33c}$$

能量方程

$$\rho c_p \left(\frac{\partial T}{\partial t} + u_r \frac{\partial T}{\partial r} + \frac{u_\theta}{r} \frac{\partial T}{\partial \theta} + u_z \frac{\partial T}{\partial z} \right)$$

$$= 2\mu \left[\left(\frac{\partial u_r}{\partial r} \right)^2 + \left(\frac{1}{r} \frac{\partial u_\theta}{\partial \theta} + \frac{u_r}{r} \right)^2 + \left(\frac{\partial u_z}{z} \right)^2 + \frac{1}{2} \left(\frac{\partial u_\theta}{\partial r} + \frac{1}{r} \frac{\partial u_r}{\partial \theta} - \frac{u_\theta}{r} \right)^2 \right. \tag{34}$$

$$\left. + \frac{1}{2} \left(\frac{1}{r} \frac{\partial u_z}{\partial \theta} + \frac{\partial u_\theta}{\partial z} \right)^2 + \frac{1}{2} \left(\frac{\partial u_r}{\partial z} + \frac{\partial u_z}{\partial r} \right)^2 \right] + k \left(\frac{\partial^2 T}{\partial r^2} + \frac{1}{r} \frac{\partial T}{\partial r} + \frac{1}{r^2} \frac{\partial^2 T}{\partial \theta^2} + \frac{\partial^2 T}{\partial z^2} \right) + \rho q$$

3.　在球坐标系中

连续性方程为

$$\frac{\partial \rho}{\partial t} + \frac{1}{r^2} \frac{\partial \left(\rho r^2 u_r \right)}{\partial r} + \frac{1}{r \sin \theta} \frac{\partial \left(\rho \sin \theta u_\theta \right)}{\partial \theta} + \frac{1}{r \sin \theta} \frac{\partial \left(\rho u_\psi \right)}{\partial \psi} = 0 \tag{35}$$

运动方程为

$$\rho \left(\frac{\partial u_r}{\partial t} + u_r \frac{\partial u_r}{\partial r} + \frac{u_\theta}{r} \frac{\partial u_r}{\partial \theta} + \frac{u_\psi}{r \sin \theta} \frac{\partial u_r}{\partial \psi} - \frac{u_\theta^2 + u_\psi^2}{r} \right)$$

$$= \rho F_r + \frac{1}{r^2 \sin \theta} \left[\frac{\partial \left(r^2 \sin \theta \tau_{rr} \right)}{\partial r} + \frac{\partial \left(r \sin \theta \tau_{\theta r} \right)}{\partial \theta} + \frac{\partial \left(r \tau_{\psi r} \right)}{\partial \psi} \right] - \frac{\tau_{\theta\theta} + \tau_{\psi\psi}}{r} \tag{36a}$$

$$\rho \left(\frac{\partial u_\theta}{\partial t} + u_r \frac{\partial u_\theta}{\partial r} + \frac{u_\theta}{r} \frac{\partial u_\theta}{\partial \theta} + \frac{u_\psi}{r \sin \theta} \frac{\partial u_\theta}{\partial \psi} + \frac{u_r u_\theta}{r} - \frac{u_\psi^2 \cot \theta}{r} \right)$$

$$= \rho F_\theta + \frac{1}{r^2 \sin \theta} \left[\frac{\partial \left(r^2 \sin \theta \tau_{r\theta} \right)}{\partial r} + \frac{\partial \left(r \sin \theta \tau_{\theta\theta} \right)}{\partial \theta} + \frac{\partial \left(r \tau_{\psi\theta} \right)}{\partial \psi} \right] + \frac{\tau_{r\theta}}{r} - \frac{\tau_{\psi\psi} \cot \theta}{r} \tag{36b}$$

$$\rho \left(\frac{\partial u_\psi}{\partial t} + u_r \frac{\partial u_\psi}{\partial r} + \frac{u_\theta}{r} \frac{\partial u_\psi}{\partial \theta} + \frac{u_\psi}{r \sin \theta} \frac{\partial u_\psi}{\partial \psi} + \frac{u_r u_\psi}{r} + \frac{u_\theta u_\psi \cot \theta}{r} \right)$$

$$= \rho F_\psi + \frac{1}{r^2 \sin \theta} \left[\frac{\partial \left(r^2 \sin \theta \tau_{\psi r} \right)}{\partial r} + \frac{\partial \left(r \sin \theta \tau_{\theta\psi} \right)}{\partial \theta} + \frac{\partial \left(r \tau_{\psi\psi} \right)}{\partial \psi} \right] + \frac{\tau_{r\psi}}{r} + \frac{\tau_{\theta\psi} \cot \theta}{r} \tag{36c}$$

能量方程为

$$\rho \left(\frac{\partial e}{\partial t} + u_r \frac{\partial e}{\partial r} + \frac{u_\theta}{r} \frac{\partial e}{\partial \theta} + \frac{u_\psi}{r \sin \theta} \frac{\partial e}{\partial \psi} \right)$$

$$= \tau_{rr} \frac{\partial u_r}{\partial r} + \tau_{\theta\theta} \left(\frac{1}{r} \frac{\partial u_\theta}{\partial \theta} + \frac{u_r}{r} \right) + \tau_{\psi\psi} \left(\frac{1}{r \sin \theta} \frac{\partial u_\psi}{\partial \psi} + \frac{u_r}{r} + \frac{u_\theta \cot \theta}{r} \right)$$

$$+ \tau_{r\theta} \left(\frac{1}{r} \frac{\partial u_r}{\partial \theta} + \frac{\partial u_\theta}{\partial r} - \frac{u_\theta}{r} \right) + \tau_{\theta\psi} \left(\frac{1}{r \sin \theta} \frac{\partial u_\theta}{\partial \psi} + \frac{1}{r} \frac{\partial u_\psi}{\partial \theta} - \frac{u_\psi \cot \theta}{r} \right)$$

$$+ \tau_{\psi r} \left(\frac{\partial u_\psi}{\partial r} + \frac{1}{r \sin \theta} \frac{\partial u_r}{\partial \psi} - \frac{u_\psi}{r} \right) + \frac{1}{r^2 \sin \theta} \left[\frac{\partial}{\partial r} \left(r^2 \sin \theta k \frac{\partial T}{\partial r} \right) \right.$$

$$\left. + \frac{\partial}{\partial \theta} \left(\sin \theta k \frac{\partial T}{\partial \theta} \right) + \frac{\partial}{\partial \psi} \left(\frac{1}{\sin \theta} k \frac{\partial T}{\partial \psi} \right) \right] + \rho q \tag{37}$$

对于不可压缩流体，有

连续性方程

$$\frac{\partial u_r}{\partial r} + \frac{2u_r}{r} + \frac{1}{r}\frac{\partial u_\theta}{\partial \theta} + \frac{u_\theta \cot\theta}{r} + \frac{1}{r\sin\theta}\frac{\partial u_\psi}{\partial \psi} = 0 \tag{38}$$

运动方程

$$\rho\left(\frac{\partial u_r}{\partial t} + u_r\frac{\partial u_r}{\partial r} + \frac{u_\theta}{r}\frac{\partial u_r}{\partial \theta} + \frac{u_\psi}{r\sin\theta}\frac{\partial u_r}{\partial \psi} - \frac{u_\theta^2 + u_\psi^2}{r}\right)$$

$$= \rho F_r - \frac{\partial p}{\partial r} + \mu\left(\frac{\partial^2 u_r}{\partial r^2} + \frac{2}{r}\frac{\partial u_r}{\partial r} + \frac{1}{r^2}\frac{\partial^2 u_r}{\partial \theta^2} + \frac{\cot\theta}{r^2}\frac{\partial u_r}{\partial \theta}\right.$$

$$\left. + \frac{1}{r^2\sin^2\theta}\frac{\partial^2 u_r}{\partial \psi^2} - \frac{2}{r^2}\frac{\partial u_\theta}{\partial \theta} - \frac{2}{r^2\sin\theta}\frac{\partial u_\psi}{\partial \psi} - \frac{2}{r^2}u_r - \frac{2u_\theta\cot\theta}{r^2}\right) \tag{39a}$$

$$\rho\left(\frac{\partial u_\theta}{\partial t} + u_r\frac{\partial u_\theta}{\partial r} + \frac{u_\theta}{r}\frac{\partial u_\theta}{\partial \theta} + \frac{u_\psi}{r\sin\theta}\frac{\partial u_\theta}{\partial \psi} + \frac{u_r u_\theta}{r} - \frac{u_\psi^2\cot\theta}{r}\right)$$

$$= \rho F_\theta - \frac{1}{r}\frac{\partial p}{\partial \theta} + \mu\left(\frac{\partial^2 u_\theta}{\partial r^2} + \frac{2}{r}\frac{\partial u_\theta}{\partial r} + \frac{1}{r^2}\frac{\partial^2 u_\theta}{\partial \theta^2} + \frac{\cot\theta}{r^2}\frac{\partial u_\theta}{\partial \theta}\right.$$

$$\left. + \frac{1}{r^2\sin^2\theta}\frac{\partial^2 u_\theta}{\partial \psi^2} + \frac{2}{r^2}\frac{\partial u_r}{\partial \theta} - \frac{2\cos\theta}{r^2\sin^2\theta}\frac{\partial u_\psi}{\partial \psi} - \frac{u_\theta}{r^2\sin^2\theta}\right) \tag{39b}$$

$$\rho\left(\frac{\partial u_\psi}{\partial t} + u_r\frac{\partial u_\psi}{\partial r} + \frac{u_\theta}{r}\frac{\partial u_\psi}{\partial \theta} + \frac{u_\psi}{r\sin\theta}\frac{\partial u_\psi}{\partial \psi} + \frac{u_r u_\psi}{r} - \frac{u_\theta u_\psi\cot\theta}{r}\right)$$

$$= \rho F_\psi - \frac{1}{r\sin\theta}\frac{\partial p}{\partial \psi} + \mu\left(\frac{\partial^2 u_\psi}{\partial r^2} + \frac{2}{r}\frac{\partial u_\psi}{\partial r} + \frac{1}{r^2}\frac{\partial^2 u_\psi}{\partial \theta^2} + \frac{\cot\theta}{r^2}\frac{\partial u_\psi}{\partial \theta}\right.$$

$$\left. + \frac{1}{r^2\sin^2\theta}\frac{\partial^2 u_\psi}{\partial \psi^2} + \frac{2}{r^2\sin\theta}\frac{\partial u_r}{\partial \psi} + \frac{2\cos\theta}{r^2\sin^2\theta}\frac{\partial u_\theta}{\partial \psi} - \frac{u_\psi}{r^2\sin^2\theta}\right) \tag{39c}$$

能量方程

$$\rho c_p\left(\frac{\partial T}{\partial t} + u_r\frac{\partial T}{\partial r} + \frac{u_\theta}{r}\frac{\partial T}{\partial \theta} + \frac{u_\psi}{r\sin\theta}\frac{\partial T}{\partial \psi}\right)$$

$$= 2\mu\left[\left(\frac{\partial u_r}{\partial r}\right)^2 + \left(\frac{1}{r}\frac{\partial u_\theta}{\partial \theta} + \frac{u_r}{r}\right)^2 + \left(\frac{1}{r\sin\theta}\frac{\partial u_\psi}{\partial \psi} + \frac{u_r}{r} + \frac{u_\theta\cot\theta}{r}\right)^2\right.$$

$$+ \frac{1}{2}\left(\frac{1}{r}\frac{\partial u_r}{\partial \theta} + \frac{\partial u_\theta}{\partial r} - \frac{u_\theta}{r}\right)^2 + \frac{1}{2}\left(\frac{1}{r\sin\theta}\frac{\partial u_\theta}{\partial \psi} + \frac{1}{r}\frac{\partial u_\psi}{\partial \theta} - \frac{u_\psi\cot\theta}{r}\right)^2$$

$$\left. + \frac{1}{2}\left(\frac{\partial u_\psi}{\partial r} + \frac{1}{r\sin\theta}\frac{\partial u_r}{\partial \psi} - \frac{u_\psi}{r}\right)^2\right] + k\left[\frac{\partial^2 T}{\partial r^2} + \frac{2}{r}\frac{\partial T}{\partial r} + \frac{1}{r^2}\frac{\partial^2 T}{\partial \theta^2}\right.$$

$$\left. + \frac{\cot\theta}{r^2}\frac{\partial T}{\partial \theta} + \frac{1}{r^2\sin^2\theta}\frac{\partial^2 T}{\partial \psi^2}\right] + \rho q \tag{40}$$